Überwachung des Verschleißzustandes von Bohrwerkzeugen mithilfe von Körperschallsignalen

Monitoring the Wear Condition of Drilling Tools Using Acoustic Emission Signals

Von der Fakultät für Maschinenwesen
der Rheinisch-Westfälischen Technischen Hochschule Aachen
zur Erlangung des akademischen Grades eines
Doktors der Ingenieurwissenschaften
genehmigte Dissertation

vorgelegt von

Thomas Wilhelm Pullen

Berichter/in:

Univ.-Prof. Dr.-Ing. Thomas Bergs
Univ.-Prof. Dr.-Ing. Dr.-Ing. E. h. Dr. h. c. Dr. h. c. Fritz Klocke

Tag der mündlichen Prüfung: 20. Dezember 2024

ERGEBNISSE AUS DER PRODUKTIONSTECHNIK

Thomas Wilhelm Pullen

Überwachung des Verschleißzustandes von Bohrwerkzeugen mithilfe von Körperschallsignalen

Herausgeber:
Prof. Dr.-Ing. Dipl.-Wirt. Ing. G. Schuh
Prof. Dr.-Ing. C. Brecher
Prof. Dr.-Ing. R. H. Schmitt

Band 8/2025

WZL | RWTH AACHEN UNIVERSITY

Fraunhofer IPT

Bibliografische Information der Deutschen Nationalbibliothek
Die Deutsche Nationalbibliothek verzeichnet diese Publikation in der Deutschen Nationalbibliografie; detaillierte bibliografische Daten sind im Internet über https://portal.dnb.de abrufbar.

Thomas Wilhelm Pullen:

Überwachung des Verschleißzustandes von Bohrwerkzeugen mithilfe von Körperschallsignalen

1. Auflage, 2025

Gedruckt auf holz- und säurefreiem Papier, 100% chlorfrei gebleicht.

Wissenschaftsverlag des Instituts für Industriekommunikation und Fachmedien an der RWTH Aachen
Steinbachstr. 25, 52074 Aachen, Deutschland
Internet: www.apprimus-verlag.de, E-Mail: info@apprimus-verlag.de

Druck: CPI Druckdienstleistungen GmbH
Ferdinand-Jühlke-Straße 7 | 99095 Erfurt | Deutschland

ISBN 978-3-98555-268-9

D 82 (Diss. RWTH Aachen University, 2024)

Vorwort und Danksagung

Preamble and Acknowledgment

Die vorliegende Arbeit entstand während meiner Zeit als wissenschaftlicher Mitarbeiter am Lehrstuhl für Technologie der Fertigungsverfahren des Werkzeugmaschinenlabors WZL der Rheinisch-Westfälischen Technischen Hochschule Aachen.

Herrn Prof. Dr.-Ing. Thomas Bergs, Inhaber des Lehrstuhls Manufacturing Technology Institut - Lehrstuhl für Fertigungstechnologie der RWTH Aachen, danke ich herzlichst für die stetige Unterstützung meiner Forschung, meiner fachlichen und persönlichen Entwicklung sowie die Diskussionen zum Inhalt meiner Dissertation.

Herrn Prof. Dr.-Ing. Dr.-Ing. E. h. Dr. h. c. Dr. h. c. Fritz Klocke, ehemaliger Inhaber des Lehrstuhls für Technologie der Fertigungsverfahren, danke ich herzlichst für die fachliche und persönliche Unterstützung in meinen ersten Jahren am WZL. Besonders möchte ich mich für die Übernahme des Koreferats und die kritische Durchsicht des Manuskripts sowie die konstruktiven Gespräche zum Inhalt meiner Dissertation bedanken. Darüber hinaus gilt mein Dank Herrn Prof. Dr.-Ing. Reinhold Kneer für die Übernahme des Prüfungsvorsitzes und Frau Prof. Dr.-Ing. Katharina Schmitz für den Beisitz in der Prüfungskommission.

Ein großer Dank gilt meinen Oberingenieuren Dr.-Ing. Drazen Veselovac, Dr.-Ing. Benjamin Döbbeler, Daniel Schraknepper und Dr.-Ing. Markus Meurer, die mich während meiner Zeit am Lehrstuhl stets gefördert haben und meine persönliche Entwicklung entscheidend geprägt haben. Besonders bedanken möchte ich mich bei meinen aktiven und ehemaligen Kolleginnen und Kollegen am WZL der RWTH Aachen für die freundschaftliche Zusammenarbeit und das kollegiale Umfeld, die die Zeit am Institut für mich in bleibender Erinnerung haben werden lassen. Außerordentlich bedanken möchte mich bei meinen Bürokollegen Prof. Dr.-Ing. Matthias Brockmann, Dr.-Ing. Sascha Gierlings, Dr.-Ing. Thorsten Augspurger und Zongshuo Li sowie bei Dr.-Ing. Stefan Buchkremer, Dr.-Ing. Marvin Binder, Dr.-Ing. Martin Seiman, Dr.-Ing. Oliver Adams, Dr.-Ing. Gunnar Keitzel, Dr.-Ing. Max Schwenzer, Sven Goetz, Dr.-Ing. Thomas Auerbach, Dr.-Ing. Guido Wirtz, Adrian Rüppel und Jannis Jacob. Für die Unterstützung der experimentellen Durchführung möchte ich mich herzlich bei Rainer Ohler, Fabio Filimbeni und Max Kirchhoff bedanken.

Meinen studentischen Mitarbeitenden sowie Bachelor- und Masterarbeitenden danke ich für ihr Engagement und ihren Anteil an der Erstellung dieser Arbeit. Ganz besonders möchte ich mich bei Marius Edler, Hendrik Schricker, Lucas Manasses und Carlos Guilherme Gomes Cruz bedanken.

Für mich unvergessen wird die Zeit außerhalb des Institutes in Erinnerung bleiben. Besonders die Kegelabende und -ausflüge des Kegelclubs Funke, Span, Gefüge sowie die jährliche Skifreizeit des Lehrstuhls seien hier zu erwähnen. In dieser Zeit wurden Kollegen zu engen Freunden, welche ich nicht mehr missen möchte. An dieser Stelle sind besonders Dr.-Ing. Tobias Seelbach, Thobias Smigielski, Dr.-Ing. Ugur Küpper und Dr.-Ing. Marvin Hardt zu erwähnen.

Abseits des Institutslebens war die Zeit mit meinen engsten Freunden aus meiner Heimatstadt Jülich immer eine große Unterstützung und ein wichtiger Ausgleich. Vielen Dank an Marco von der Gracht, Dr.-Ing. Christian Wirtz, Dr.- Ing. Jan Rey, Dr. Markus Rey, David Rey und Lucas Leyens.

Ohne den Rückhalt meiner Familie wäre die Fertigstellung dieser Arbeit nicht möglich gewesen. Meinen Eltern Ute und Heinz - Jürgen gilt dabei mein größter Dank. Ihr habt mir alles ermöglicht und mich immer unterstützt. Eure stetige Zuversicht war ein Antreiber die Arbeit fertig zu stellen. Meinen Geschwistern Julia und Michael danke ich für den großartigen familiären Zusammenhalt und die schöne gemeinsame Zeit, die wir immer zusammen erleben.

Für deine liebevolle Unterstützung, dein Verständnis, deinen Rückhalt und dein gutes Zureden besonders in der finalen Phase der Fertigstellung dieser Arbeit möchte ich mich bei meiner lieben Andrea von ganzem Herzen bedanken. Du hast nicht nur an mich geglaubt, sondern mich auch immer wieder daran erinnert an mich selbst zu glauben. Danke für alles!

Aachen, Februar 2025 Thomas Pullen

Zusammenfassung

Bei der Herstellung von Komponenten für die Luft- und Raumfahrtindustrie müssen enge Toleranzen und hohe Qualitätsstandards erreicht und sichergestellt werden. In der Regel erreichen Zerspanwerkzeuge durch einen kontinuierlichen Verschleiß an Span- und Freifläche ihre Standzeitenden. Verschlissene Werkzeuge erhöhen die auf das Bauteil einwirkende thermomechanische Beanspruchung und können so die Maßhaltigkeit sowie die Oberflächenintegrität des Bauteils negativ verändern. Eine manuelle Bestimmung des Werkzeugverschleißes ist sehr zeitaufwendig und dadurch mit langen Stillstandzeiten der Maschine verbunden. Im Forschungsumfeld ist die Verwendung von Kraftmessplattformen basierend auf dem piezoelektrischen Effekt etabliert. Nachteile dieser Messtechnik sind jedoch die hohen Anschaffungskosten sowie die Beeinflussung der Prozesskinematik. Eine alternative Messgröße zur Beurteilung des Verschleißzustandes des Bohrwerkzeuges ist das im Zerspanprozess emittierte Körperschallsignal.

Die zentrale Zielsetzung dieser Arbeit besteht in der Analyse des sich anhand Verschleiß zeitlich verändernden Werkzeugzustandes durch Messen von Körperschallsignalen und Auswertung mittels Algorithmen des maschinellen Lernens. Die Forschungsarbeit basiert auf der Hypothese, dass Körperschallsignale mit der Beanspruchung von Bohrwerkzeugen korrelieren und somit eine quantitative Bewertung des sich kontinuierlich verändernden Verschleißzustandes erlauben.

Für eine Modellierung des zeitlich verändernden Werkzeugzustandes und eine Auswertung mittels Algorithmen des maschinellen Lernens sind Messsignale, welche von äußeren Umgebungseinflüssen bestmöglich unbeeinflusst sind, von elementarer Bedeutung. Dies schließt Trainingsdaten mit ein. Eine wissenschaftliche Vorgehensweise zur Generierung solcher Messdaten adressierte diese Dissertation. Nachfolgend wird erläutert, welche Schritte erforderlich sind, um aus den aufgezeichneten Körperschallsignalen Kennwerte zu extrahieren. Diese Kennwerte werden aus dem Zeitbereich sowie aus dem Frequenzbereich bestimmt und im Hinblick auf Korrelationen zum Freiflächenverschleiß des Bohrwerkzeuges hin untersucht. Abschließend erfolgt eine systematische Analyse unterschiedlicher Algorithmen des Maschinellen Lernens sowie Optimierungsansätze zur Minimierung des Vorhersagefehlers.

Als Ergebnis dieser Arbeit liegt ein Leitfaden zur wissenschaftlichen Vorgehensweise zur Generierung und Verarbeitung von geeigneten Messdaten vor, welcher für eine Analyse mittels Algorithmen des maschinellen Lernens geeignet ist und eine Korrelation zum Freiflächenverschleiß des Werkzeuges zeigt. Die Originalität liegt dabei im Versuchsaufbau, welcher die Auswirkung äußerer Einflüsse bestmöglich ausschließt und in der wissenschaftlich strukturellen Vorgehensweise der Analyse der aus dem Körperschallsignal extrahierten Kennwerte sowie der hier vorgestellten Algorithmen des maschinellen Lernens.

Abstract

When manufacturing components for the aerospace industry, tight tolerances and high quality standards must be achieved and guaranteed. As a rule, cutting tools reach the end of their life cycle due to continuous wear. Worn tools increase the thermomechanical stress acting on the component and can therefore negatively affect the dimensional accuracy and surface integrity of the component. Manual determination of tool wear is very time-consuming and therefore associated with long machine downtimes. The use of force measurement platforms based on the piezoelectric effect is established in the research environment. However, the disadvantages of this measurement technology are the high acquisition costs and the influence on the process kinematics. An alternative measurement variable for assessing the wear condition of the drilling tool is the acoustic emission signal emitted during the machining process.

The central objective of this work is to analyse the tool condition, which changes over time due to wear, by measuring acoustic emission signals and evaluating them using machine learning algorithms. The research work is based on the hypothesis that acoustic emission signals correlate with the stress on drilling tools and thus allow a quantitative evaluation of the continuously changing wear condition.

Measurement signals that are as unaffected as possible by external environmental influences are of fundamental importance for modelling the time-varying tool condition and evaluating it using machine learning algorithms. This includes training data. This dissertation addresses a scientific approach to generating such measurement data. The steps required to extract characteristic values from the recorded acoustic emission signals will be explained. These characteristic values are determined from the time domain as well as from the frequency domain and analysed with regard to correlations to the flank wear of the drilling tool. Finally, a systematic analysis of different machine learning algorithms and optimisation approaches to minimise the prediction error is carried out.

The result of this work is a guideline for the scientific procedure for generating and processing suitable measurement data, which is suitable for analysis using machine learning algorithms and shows a correlation to the flank wear of the tool. The originality lies in the test setup, which excludes the effect of external influences as far as possible, and in the scientific structural approach to analysing the characteristic values extracted from the acoustic emission signal and the machine learning algorithms presented here.

Inhaltsverzeichnis

Table of Content

Formelzeichen und Abkürzungen

Formula Symbols and Abbreviations

Capital Letters

A	V	Amplitude
D	mm	Bohrungsdurchmesser
F_c	N	Schnittkraft
F_f	N	Vorschubkraft
Fz	N	Kraft in z-Komponente
Mz	Nm	Drehmoment um die z-Achse
Rm	N/mm^2	Zugfestigkeit
S_{WZ}	m	Werkzeugstandweg
U	V	Spannung
VB	µm	Verschleißmarkenbreite
VB_{max}	µm	Maximale Verschleißmarkenbreite

Small Letters

b	mm	Spanungsbreite
c	m/s	Schallgeschwindigkeit
c	N/m	Federkonstante
d	kg/s	Dämpfungskoeffizient
f	mm	Vorschub
f_{abst}	Hz	Abtastrate der Datenerfassung
f_z	mm	Vorschub pro Zahn
h	mm	Spanungsdicke
i	-	Allgemeine Zählvariable, Iteration
l_b	mm	Bohrweg
m	kg	Masse
n_B	-	Anzahl Bohrungen
r	mm	Schneidkantenradius
t	s	Zeitfenster

t_c	s	Schnittzeit
v	m/s	Geschwindigkeit
v_c	m/min	Schnittgeschwindigkeit
v_f	mm/min	Vorschubgeschwindigkeit

Greek Letters

ΔVB	µm	Verschleißmarkenbreitendifferenz
α	°	Freiwinkel
β	°	Keilwinkel
γ	°	Spanwinkel
λ	m	Wellenlänge
μ		Reibungsbeiwert
ρ	kg/m^3	Dichte

Abbreviations

AE	-	Acoustic Emission
ASTM	-	American Society for Testing and Materials
BAZ	-	Bearbeitungszentrum
CNN	-	Convolutional Neural Network
DAQ	-	Datenerfassung (Data Acquisition)
DTR	-	Decision Tree Regression
EDOF	-	Enhanced Depth of Focus
EDR	-	Endpoint Detection and Response
FFT	-	Fast-Fourier-Transformation
GBT	-	Gradient Boosted Tree
HM	-	Hartmetall
KSS	-	Kühlschmierstoff
KNN	-	K-nearest neighbours
LIBSVM	-	Library Support Vector Machine
LIN	-	Lineare Regression
ML	-	Machine Learning

MLP	-	Multi-Layer Perceptron
MP	-	Mega Pixel
NC	-	Numerical Control
NI	-	National Instruments (Unternehmen)
ResNet	-	Residual Neural Network
RFR	-	Random Forest Regression
RMS	-	Root Mean Square
RMSE	-	Root Mean Square Error
STFT	-	Short-Time-Fourier-Transformation
SVM	-	Support Vector Machine
USB	-	Universal Serial Bus
VB	-	Verschleißmarkenbreite

1 Einleitung

Bei der Herstellung von Komponenten für die Luft- und Raumfahrtindustrie müssen enge Toleranzen und hohe Qualitätsstandards erreicht und sichergestellt werden. Dies gilt insbesondere bei der Produktion sicherheitskritischer Komponenten wie z.B. der Turbinenscheibe. Speziell bei der Bearbeitung von hochtemperaturbeständigen Werkstoffen ist innerhalb kürzester Zeit ein erheblicher Anstieg des Werkzeugverschleißes durch hohe thermische und mechanische Belastungen zu beobachten. In der Regel erreichen Zerspanwerkzeuge durch einen kontinuierlichen Verschleiß an Span- und Freifläche dabei ihre Standzeitenden. Verschlissene Werkzeuge erhöhen die auf das Bauteil einwirkende thermomechanische Beanspruchung und können so die Maßhaltigkeit sowie die Oberflächenintegrität des Bauteils negativ verändern. Ein bekanntes Beispiel für die Beeinflussung der Oberflächenintegrität des Werkstückes durch den Zerspanprozess ist der Flugzeugabsturz von Delta-Flug 1288 im Jahr 1996. Durch Mikrorisse auf der Oberfläche eines Bohrloches kam es zu einem Bruch einer Verdichterscheibe und dadurch zu einem katastrophalen Versagen des Triebwerkes. Untersuchungen ergaben, dass die Mikrorisse durch zu hohe Temperaturen während des Bohrprozesses, hervorgerufen durch einen zu hohen Werkzeugverschleiß, entstanden.

Des Weiteren beeinflusst der Verschleißzustand des Werkzeuges die Prozessstabilität. Da während der Produktion sicherheitskritischer Bauteile oft eine Unkenntnis über den aktuellen Verschleißzustand des Werkzeuges herrscht, werden, um den vorher beschriebenen Unsicherheitsfaktoren entgegenzuwirken, Werkzeuge bereits vor ihrem Standzeitende ausgewechselt. Ein frühzeitiger Werkzeugwechsel resultiert dabei in einer erhöhten Stillstandzeit der Maschine sowie in der Steigerung der Werkzeugkosten. Da die Werkzeugkosten in einem produzierenden Unternehmen einen erheblichen Kostentreiber darstellen, werden dadurch Einsparpotentiale nicht genutzt. Eine kontinuierliche Verschleißüberwachung des Werkzeuges stellt daher eine Lösung dieses Dilemmas dar.

Eine manuelle Bestimmung des Werkzeugverschleißes ist sehr zeitaufwendig und dadurch mit langen Stillstandzeiten der Maschine verbunden. Diese Stillstandzeiten übertreffen jedoch die potentiell eingesparten Werkzeugkosten. Im Forschungsumfeld ist die Verwendung von Kraftmessplattformen basierend auf dem piezoelektrischen Effekt etabliert. Arbeiten zur Verschleißüberwachung mit Hilfe dieser Messtechnik sind in der Literatur weit verbreitet. Nachteile dieser Messtechnik sind jedoch die hohen Anschaffungskosten sowie die Beeinflussung der Prozesskinematik, da Kraftmessplattformen sehr große Abmaße aufweisen und diese in den Maschinenraum integriert werden müssen.

Für die Industrie ist daher ein kostengünstiges Prozessüberwachungssystem zur Überwachung des Bohrprozesses ohne aufwendige Modifikationen der Maschine und zur Beurteilung des vorherrschenden Werkzeugverschleißes wünschenswert. Eine geeignete Lösung hierfür kann die Realisierung eines Überwachungssystems unter der Verwendung des im Prozess emittierten Körperschallsignals darstellen.

Untersuchungen auf diesem Forschungsgebiet zeigten bereits, dass das Körperschallsignal zur Identifizierung von Materialeigenschaften im Prozess geeignet ist. Aufgrund der Erzeugung sehr großer Datenmengen auf der Basis hoher Abtastraten wurde in der Vergangenheit zumeist der Effektivwert (RMS-Wert) des Sensors analysiert. Das RMS-Signal beinhaltet jedoch mit einer Abtastrate von etwa f = 20 kHz im Vergleich zum Körperschallrohsignal einen deutlich geringeren Informationsgehalt. Der quantitative Zusammenhang zwischen dem beim Bohrprozess entstehenden Körperschallrohsignal und dem Zerspanbarkeitskriterium Verschleiß ist zum aktuellen Zeitpunkt weitestgehend unbekannt und muss daher für die Realisierung eines Überwachungssystems erforscht werden.

Introduction

In the production of components for the aerospace industry, tight tolerances and high quality standards must be achieved and ensured. This applies in particular to the production of safety-critical components such as the turbine disk. Especially when machining high-temperature resistant materials, a considerable increase in tool wear can be observed within a very short time due to high thermal and mechanical loads. As a rule, cutting tools reach the end of their service life due to continuous wear on rake and flank surfaces. Worn tools increase the thermomechanical load acting on the component and can thus negatively change the dimensional accuracy and the surface integrity of the component. A well-known example of how the surface integrity of the workpiece can be affected by the machining process is the Delta Flight 1288 air crash in 1996. Micro-cracks on the surface of a drilled hole caused a compressor disk to break, resulting in a catastrophic failure of the engine. Investigations revealed that the micro-cracks were caused by excessive temperatures during the drilling process, caused by excessive tool wear.

Furthermore, the wear condition of the tool influences the process stability. Since there is often a lack of knowledge about the current wear condition of the tool during the production of safety-critical components, tools are replaced before the end of their service life in order to counteract the uncertainty factors described above. An early tool change results in an increased downtime of the machine as well as in an increase of tool costs. Since tool costs represent a considerable cost driver in a manufacturing company, savings potentials are not utilised as a result. A solution to this dilemma would be continuous wear monitoring of the tool.

Manual determination of tool wear is very time-consuming and thus associated with long machine downtimes. However, these downtimes would exceed the potentially saved tool costs. In the research environment, the use of force measurement platforms based on the piezoelectric effect is well established. Work on wear monitoring using this measurement technique is widespread in the literature. However, the disadvantages of this measurement technique are the high acquisition costs and the influence on the process. Since force measurement platforms have very large dimensions and have to be integrated into the machine room, it is not possible to monitor every process using piezoelectric measurement technology.

A cost-effective process monitoring system is therefore desirable for the industry to monitor the drilling process without costly modifications to the machine and to assess the prevailing tool wear. A suitable solution for this can be the realization of a monitoring system using acoustic emission signal emitted in the process. Investigations in this field of research have already shown that the acoustic emission signal is suitable for identifying material properties in the process. Due to the generation of very large amounts of data based on high sampling rates, the effective value (RMS value) of the sensor was mostly analyzed in the past. However, with a sampling rate of about f = 20 kHz, the RMS signal contains a significantly lower information content compared to the raw acoustic emission signal. The quantitative correlation between the raw acoustic emission signal generated during the drilling process and the machinability criterion wear is largely unknown at the present time and must therefore be researched for the realization of a monitoring system.

2 Stand der Wissenschaft und Technik

State of the Art in Research and Industry

Die Thematik der Verschleißvorhersage an Zerspanwerkzeugen und im Speziellen an Bohrwerkzeugen beschäftigt die Forschung bereits seit Jahrzehnten. Durch neue technische Möglichkeiten der Datenerfassung und -auswertung, entstehen innovative Ansätze, welche im Bereich der Zerspanung zum Einsatz kommen können. Aufgrund der großen Auswahl von wissenschaftlichen Beiträgen wird in diesem Kapitel eine Auswahl an Arbeiten vorgestellt. In Kapitel 2.1 werden zunächst die Grundlagen des Bohrprozesses und dabei besonders die auftretenden Verschleißarbeiten erläutert. Nach der Diskussion aktueller Arbeiten bezogen auf die Prozessüberwachung (Kapitel 2.2) werden in Kapitel 2.3 die Grundlagen sowie wissenschaftliche Arbeiten im Kontext der Körperschallsensorik vorgestellt. Eine Übersicht relevanter Algorithmen des maschinellen Lernens zur Datenanalyse findet sich in Kapitel 2.4. Das Kapitel schließt mit einem Zwischenfazit sowie mit der Ableitung des wissenschaftlichen Defizites.

2.1 Technologie des Bohrprozesses

Technology of the drilling process

Zu Beginn des folgenden Unterkapitels werden die relevanten Grundlagen des Bohrprozesses beschrieben. Dabei werden am Beispiel des Wendelbohrers die geometrischen Beziehungen sowie die Kinematik des Bohrprozesses erläutert. Nach der Vorstellung der technologischen Grundlagen des Bohrprozesses werden als Hauptaspekt auftretende Verschleißarten dargelegt. Diese sind für die Interpretation der aufgezeichneten Messsignale von entscheidender Bedeutung.

2.1.1 Grundlagen des Bohrprozesses

Basics of the drilling process

Das Bohren wird den spanenden Verfahren mit rotatorischer Hauptbewegung zugeordnet, bei denen das Werkzeug nur eine Vorschubbewegung axial zur Werkzeugdrehachse durchführt [KLOC18]. Ein kritischer Spanabtransport, eine ungünstige Wärmeverteilung sowie das Reiben der Führungsfasen an der Bohrungswand sind weitere Besonderheiten des Bohrprozesses. [MOHL00] Unterschiedliche Zielsetzungen hinsichtlich Materialabtragungsrate, Bohrtiefe, Maßhaltigkeit und Oberflächenqualität haben zu einer Vielzahl an unterschiedlichen Bohrverfahren und Bohrwerkzeugen geführt. Das Bohren mit Wendelbohrern ist ein konventionell weit verbreitetes Verfahren, da es als wichtiges Werkzeug zum Herstellen zylindrischer Bohrungen aus dem Vollen sowie zum Vergrößern eines vorgegebenen Bohrungsdurchmessers beim Aufbohren zum Einsatz kommt [TIKA93]. Das Bohren mit Wendelbohrern ist das einzige Verfahren, welches in dieser Arbeit untersucht wird und soll an dieser Stelle kurz vorgestellt werden. Die Bezeichnungen der unterschiedlichen geometrischen Segmente an einem zweischneidigen Wendelbohrer sind in Abbildung 2.1 dargestellt.

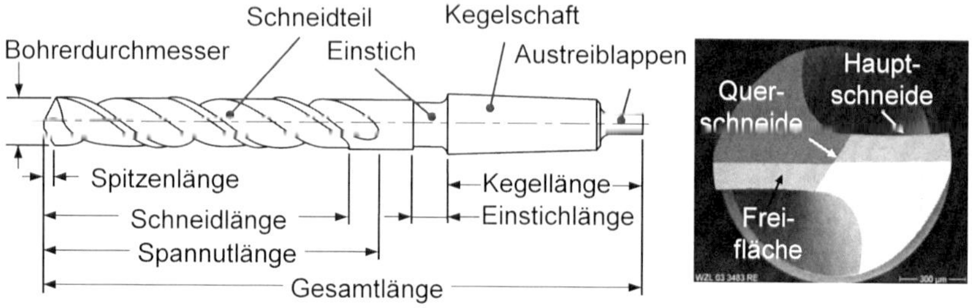

Abbildung 2.1: Bezeichnungen eines Wendelbohrers nach DIN 1412 [KLOC18]

Designations of a twist drill according to DIN 1412 [KLOC18]

Ein Wendelbohrer besteht aus Schaft und Schneidteil. Der zylindrische oder kegelförmige Schaft dient dabei zur Aufnahme in der Maschinenspindel. [PAUC08] Der Schneidteil wird charakterisiert durch den Bohrerdurchmesser D, die Spitzenlänge, die Schneidlänge und durch die Spannutenlänge [DIN1412]. Die Bohrspäne werden durch die Drallnuten nach außen geführt. Aufgrund der vielfältigen Bearbeitungsaufgaben, weist der Bohrerkopf zahlreiche unterschiedliche Anschliffarten sowie werkstoffspezifische Bohrerprofile auf. Neben den beiden Hauptschneiden, welche in Vorschubrichtung wirken, sind die Querschneiden Bestandteile der jeweiligen Hauptschneiden. Aufgrund des stark negativen Spanwinkels der Querschneide wird der Werkstoff plastisch verformt und hin zur Hauptschneide gedrängt. Die Werkzeugschneide bewegt sich entlang einer Schraubenlinie, welche durch das Zusammenwirken aus Schnittgeschwindigkeit (Rotation) und Vorschubbewegung entsteht. Ein Aufsitzen des Bohrers kann durch die Auslegung des Freiwinkels in Abhängigkeit von den Schnittbedingungen vermieden werden. KLEIN kennzeichnet drei Phasen des dynamischen Bohrvorgangs: Anbohren, Vollbohren und das Durchbohren. Das Anbohren ist durch eine Steigerung des Drehmomentes, nach dem vollständigen Eingriff der Querschneide in das Werkstück, gekennzeichnet. Beim Vollbohren steigen die Schnittkräfte aufgrund von Fasen- und Spanreibung mit zunehmender Bohrungstiefe an. Mit dem Durchgang der Bohrspitze durch die Rückseite des Werkstückes ist die dritte Phase erreicht. [STUE09]

2.1.2 Kinematik des Bohrprozesses und Analogieversuche

Kinematics of the drilling process and analogy tests

Nach der DIN 8589-2 ist das Fertigungsverfahren Bohren definiert als Spanen mit einer kreisförmigen Schnittbewegung. Die Drehachse des Werkzeuges und die Achse der zu erzeugenden Innenfläche sind dabei identisch. Die Vorschubbewegung verläuft ebenfalls entlang dieser Achse. Unabhängig von der axialen Vorschubbewegung behält die Drehachse der Schnittbewegung die Lage zum Werkzeug bei. Verfahrensspezifische Merkmale des Bohrprozesses sind die Wechselwirkung zwischen Nebenschneide bzw. Führungsfase und der erzeugten Bohrungsoberfläche sowie die sich über den Bohrerdurchmesser ändernde Schnittgeschwindigkeit. Das Schnittgeschwindigkeitsprofil verläuft dabei von ihrem Maximum an der Schneidenecke bis zu der auf

Null abfallenden lokalen Schnittgeschwindigkeit im Werkzeugzentrum. [DIN8589-2] Durch diese Eigenschaft des Prozesses ist der Bereich der Schneidenecken hohen thermischen Belastungen ausgesetzt, welches in einem erhöhten Verschleiß an den Schneidecken resultiert. Im Werkzeugzentrum hingegen liegen ansteigende Druckspannungen, Reib- und Quetschvorgänge vor. [HEIS14] An der Bohrerspitze können vier Hauptaktionen unterschieden werden:

- Das Bohrloch wird im Zentrum durch einen rotierenden Kern erzeugt.
- Späne werden durch rotierende Schneidkanten gebildet.
- Die Späne werden wie bei einem Schneckenförderer durch die schraubenförmigen Spannuten aus dem Bohrloch befördert.
- Der Bohrer wird im Bohrloch durch die bereits entstandenen Innenflächen geführt.

Im Mittelpunkt des Bohrkerns können die herrschenden Vorgänge eher als Extrusionsvorgänge denn als Schneidvorgänge bezeichnet werden. Durch die große Neigung der Schneide in der Nähe des Bohrkerns, kann von einem Schneidvorgang gesprochen werden. Aus einer Analyse des Prozesses geht hervor, dass der Steigungswinkel, der Bohrkerndurchmesser sowie der Spitzenwinkel die drei entscheidenden Größen sind, denen bei der Bestimmung der Bohrleistung die größte Bedeutung zugesprochen werden. [SHAW05]

Für eine tiefergehende Analyse des Bohrprozesses und Untersuchung einzelner Phänomene an den jeweiligen Schneiden wurden in der Vergangenheit bereits unterschiedliche Analogieversuche durchgeführt. Zwei bekannte Beispiele für Analogieversuche sind dabei der Stufenbohrprozess und der Ringspanversuch. RISSE untersuchte in seiner Arbeit die Einflüsse von Werkzeugdurchmessern und Schneidkantenverrundungen beim Bohrprozess. Durch an die Bohrergeometrie angepasste Proben ermöglicht dieser Analogieversuch die Analyse des Einflusses von Querschneide, Hauptschneiden und Nebenschneiden auf die Vorschubkraft und das Drehmoment. [RISS06] Eine detaillierte Erläuterung des Stufenbohrprozesses erfolgt in Kapitel 4 dieser Arbeit.

Zur numerischen und experimentellen Untersuchung zerspanungsbedingter Gefügeumwandlungen und zur Modellierung des thermo-mechanischen Lastkollektives beim Bohren verwendete MICHNA in seiner Arbeit den Ringspanversuch. Hierfür wurden Ringe unterschiedlichen Durchmessers mit einem Bohrwerkzeug aufgebohrt und die resultierenden Temperaturen und Kräfte aufgezeichnet. Durch die unterschiedlichen Durchmesser der Ringe kommt die Hauptschneide des Bohrers nur abschnittsweise in den Eingriff, wodurch die gemessenen Kräfte und Temperaturen den jeweiligen Abschnitten der Hauptschneide zugewiesen werden können. Die Temperaturmessung erfolgte dabei mit Hilfe einer lichtleitenden Glasfaser, die in die Ringe eingebracht wurde. Die emittierte Wärmestrahlung wurde über die Glasfaser an ein Zwei-Farben-Pyrometer geleitet. [MICH14]

LORAIN ET AL. entwickelten für die Analyse des Einflusses des Reibkoeffizienten auf die Kontakttemperatur ein speziell an den Bohrprozess angepasstes Tribometer. Dabei zeigte sich, dass die Reibphänomene im Bohrprozess an den Führungsfasen und an der Freifläche gänzlich verschieden sind. Die tribologischen Bedingungen an den Führungsfasen werden als geschlossenes tribologisches System definiert, wohingegen es an den Freiflächen als offenes Tribosystem angesehen werden kann. Dies ist ein Grund für den schnelleren Verschleißanstieg an den Ecken der Hauptschneide des Bohrers. [LORA19] Die auftretenden Verschleißarten beim Bohrprozess werden im kommenden Unterkapitel im Detail erläutert.

2.1.3 Verschleißarten

Types of wear

Die Stabilität eines spanenden Fertigungsprozesses und die Qualität der Bauteile ist in entscheidendem Maße vom Zustand des eingesetzten Werkzeuges abhängig. Es gibt vier Hauptursachen dafür, dass ein Werkzeug seine Nutzbarkeit verliert: Alterung, Bruch, Korrosion und Verschleiß. Während des Zerspanprozesses unterliegt die Schneide einem komplexen Belastungskollektiv, welches als tribologisches System angesehen werden kann. *Ein tribologisches System umfasst alle an einer tribologischen Beanspruchung beteiligten stofflichen Komponenten und ihre Eigenschaften mit den sich bei ihnen ergebenden Veränderungen sowie die für die Beanspruchung charakteristischen Vorgänge und Größen.* [GAB02] Je nach den Parametern der tribologischen Systeme treten unterschiedliche Verschleißmechanismen auf. Verschleißmechanismen beschreiben dabei die energetische und stoffliche Wechselwirkung zwischen den Elementen des Tribosystems. Die Art der Relativbewegung zwischen den sich berührenden Körpern kann zur Klassifizierung unterschiedlicher Verschleißprozesse herangezogen werden. [ZUMG87]

Verschleiß wird in der Literatur als unerwünschter *„fortschreitender Materialverlust aus der Oberfläche eines festen Körpers (Grundkörper), hervorgerufen durch mechanische Ursachen, d.h. Kontakt- und Relativbewegung eines festen, flüssigen oder gasförmigen Gegenkörpers"* beschrieben [GESE02]. Es existieren unterschiedliche charakteristische Verschleißerscheinungsformen, die, ausgehend durch die Beanspruchung des Grundkörpers, durch bestimmte physikalische oder chemische Verschleißmechanismen hervorgerufen werden. Die im Zerspanprozess auftretenden physikalischen und chemischen Verschleißmechanismen sind Abrasion bzw. mechanischer Abrieb, Adhäsion, Tribooxidation und Oberflächenzerrüttung. Die in diesem Zusammenhang oft genannte Diffusion stellt im Eigentlichen keinen Verschleißmechanismus dar, sondern einen den Verschleiß begünstigenden Transportmechanismus [DENK11]. Die unterschiedlichen Verschleißmechanismen und ihre Auswirkungen auf den Gesamtverschleiß sind in Abbildung 2.2 dargestellt.

Adhäsion bezeichnet die Ausbildung von Mikroverschweißungen zwischen zwei Reibpartnern. Dies kann durch atomare Wechselwirkungen (chemische Adhäsion) oder durch ein mechanisches Verhaken mit dem Schneidstoff zustande kommen. [TELL93] Es lassen sich zwei unterschiedliche Vorgänge für den adhäsiven Verschleiß unterscheiden. Ablagerungen am Schneidteil (Kaltverschweißungen bzw. Pressschweißungen) wachsen an und werden aus dem Schneidstoff herausgerissen, was mit Stoffverlust verbunden ist. Während des zweiten Vorgangs verschweißen Schneidstoffteilchen direkt mit der Schnittfläche und der Spanunterseite und werden dabei getrennt. [DENK11]

Abbildung 2.2: Verschleißmechanismen bei der Zerspanung [KLOC18]

Mechanisms of wear in machining [KLOC18]

Abrasiver Verschleiß ist das Resultat aus dem Eindringen von Rauheitsspitzen des Gegenkörpers oder eines dritten Körpers in den Grundkörper bei einer gleichzeitig ausgeführten Relativbewegung. Dabei kann die Abrasion in eine 2-Körper-Abrasion und in eine 3-Körper-Abrasion unterteilt werden. Harte, im Werkstoff befindliche Bestandteile, wie Einschlüsse (Oxide, Carbide oder Nitride), können eine 2-Körper-Abrasion hervorrufen, während eine 3-Körper-Abrasion durch einen weiteren zwischen dem Werkzeug und dem Werkstück sich befindenden Körper induziert wird. [CZIC10]

Die Oberflächenzerrüttung bezeichnet das Ermüdungsverhalten von Oberflächen und ist, anders wie die bereits vorgestellten Verschleißmechanismen, durch eine längere Zeit charakterisiert, in der es vorher nicht zu einem messbaren Materialverlust kommt. Die Oberflächenzerrüttung tritt als Verschleißmechanismus speziell bei mechanischen Wechselbelastungen auf. Die Oberflächenzerrüttung wird durch die plastische Verformung in den Mikrobereichen des Gefüges ausgelöst, die beim Überschreiten der Fließgrenze entstehen. [SOMM14]

Die Besonderheit der Tribooxidation ist, dass dieser Verschleißmechanismus ohne Einwirkung des Gegenkörpers auftritt. Die Tribooxidation bezeichnet chemische Reaktionen zwischen dem Grundkörper und dem Zwischen- bzw. Umgebungsmedium. [BOBZ12] Dabei hängt die Wirkung der Tribooxidation von den zugrundliegenden chemischen Reaktionen ab. [HABI80] Im Verlauf dieser Arbeit werden hauptsächlich die Verschleißmechanismen Abrasion und Adhäsion untersucht, da diese Verschleißmechanismen in der Industrie das Abbruchkriterium charakterisieren.

Beim Wendelbohrer treten unterschiedliche Verschleißformen auf, die sich zu einem Gesamtwerkzeugverschleiß zusammensetzen. Im Wesentlichen treten dabei Freiflächenverschleiß, Kolkverschleiß, Führungsfasenverschleiß, Querschneidenverschleiß und Eckenverschleiß auf. Aufgrund der maximalen Schnittgeschwindigkeit am Außendurchmesser des Bohrers ist die Schneidenecke besonders stark belastet, so dass der Eckenverschleiß maßgeblich zum Erreichen des Standzeitendes beiträgt. Durch die niedrige Schnittgeschwindigkeit im Querschneidenbereich ist die Bildung von Aufbauschneiden häufig erkennbar. Ein zu hoher Vorschub verursachte ebenfalls einen Verschleißanstieg hin zur Querschneide. [CHRI84]

Durch Reibung, Wärme und Druck zwischen den Bohrerschneiden und dem Werkstück entsteht ein in drei Phasen ansteigender Verschleiß. Bei Verwendung eines Werkzeugs im Neuzustand tritt zunächst ein starker Einlaufverschleiß auf. Der ansteigende Verschleiß kommt durch Beschädigungen zustande, die bei der Produktion oder beim Nachschleifen verursacht wurden. Die zweite Phase wird durch einen linear ansteigenden Verschleiß charakterisiert. In der letzten Phase steigt der Verschleiß progressiv bis es letztendlich zum Ausfall des Werkzeugs kommt. [DIML00] Der progressive Verschleißanstieg wird dabei durch hohe Schnittkräfte, Temperaturen sowie starke Vibrationen verursacht [KUEM15].

2.2 Entwicklungen in der Prozessüberwachung

Current developments in process monitoring

Teil- oder vollautomatisierte Fertigungsabläufe gewährleisten optimale Kapazitätsauslastungen und dadurch eine sehr hohe Produktivität. Um diese Fertigungsabläufe zu realisieren, bedarf es einer sicheren Prozessführung. Da ein Prozess immer Störungen ausgesetzt ist, wird der Prozessüberwachung hierbei eine zentrale Bedeutung zugewiesen. [KLOC18] Prozessstörungen zu erkennen, um damit Gegenmaßnahmen einzuleiten, ist dabei das zentrale Ziel der Prozessüberwachung in der Fertigungstechnik. Bei einem Schneidkantenausbruch sollte der Prozess umgehend unterbrochen werden, da es sonst zu Beschädigungen des Bauteils oder der Werkzeugmaschine führen kann. Ausfälle von Schneidwerkzeugen sind jedoch den stochastischen Fehlern zuzuordnen, da sie meist aus harten und spröden Werkstoffen bestehen, und daher schwer vorhersehbar sind. [TOEN01] Das Überwachungssystem muss dabei möglichst robust und zuverlässig gegen Fehlalarme sowie einfach in den Prozess zu integrieren sein. Nur so können die hohen Anforderungen einer Prozessüberwachung in der Produktion gewährleistet werden. [ECKS15]

Durch den Einsatz von Sensoren können quantitative und qualitative Messungen von physikalischen, chemischen und biologischen Größen durchgeführt werden, welche Rückschlüsse auf den vorliegenden Zustand des Prozesses erlauben. Ein Sensor besteht aus dem Sensorelement und aus der Auswerteelektronik. Dabei werden die zu messenden Eingangsgrößen im Sensorelement entsprechend der zugrundeliegenden physikalischen Gesetze in ein elektrisches Ausgangssignal gewandelt. Es wird zwischen aktiven und passiven Sensoren unterschieden. Bei einem aktiven Sensor, z.B.

einem piezoelektrischen Sensor, wird die Umwandlung der Messgröße in eine elektrische Größe ohne eine Hilfsspannung realisiert. Passive Sensoren, z.B. Dehnungsmessstreifen oder Magnetfeldsensoren, benötigen zur Umwandlung eine äußere Hilfsspannung. [SCHO12]

Aufgrund der Vielzahl von möglichen Messprinzipien, ist bei der systematischen Betrachtung eines Sensoreinsatzes für die Überwachung spanender Fertigungsverfahren die Kenntnis über die Art der Kenngröße von entscheidender Bedeutung. Für einen geringen Informationsverlust, ist es für alle spanenden Verfahren erforderlich die Kenngröße mit dem geringstmöglichen Abstand zur Zerspanstelle zu messen. [KARP01] Im weiteren Verlauf dieses Kapitels wird genauer auf die Entwicklungen im Bereich der piezoelektrischen Messverfahren sowie der Körperschallmessung eingegangen.

Bei einem Zerspanprozess sind Kräfte zum Scheren, Verformen und Trennen des Materiales erforderlich. Zur Steigerung des physikalischen Verständnisses von Zerspanvorgängen, wurden daher kraftbasierte Sensormessverfahren in großem Umfang zur Überwachung der Schnittkräfte bei der Bearbeitung eingesetzt. [TETI10] Die Überwachung der Schnittkräfte liefert Informationen über den Werkzeugzustand und ermöglicht eine Quantifizierung von Werkzeugverschleiß und Werkzeugbruch. [ALTI04, VESE12]

Kraft- und Drehmomentsensoren verwenden im Allgemeinen Sensorelemente, die die Kraft oder Torsionsbelastung in die Verformung einer elastischen Sensorkomponente umwandeln. Die beiden hauptsächlich verwendeten Sensortypen sind piezoelektrische und dehnungsbasierte Sensoren. Eine Kraftmessung kann sowohl im Krafthauptschluss sowie im Kraftnebenschluss erfolgen. Die piezoelektrische Messung basiert auf der Verschiebung von positiven und negativen Gitterbausteinen entlang der polaren Achse durch eine Deformation des Kristallgitters. Das dadurch entstehende Dipolmoment resultiert in einer Ladungsverschiebung, welche mit Hilfe eines Ladungsverstärkers in ein zur wirkenden Kraft korrelierendes Spannungssignal gewandelt wird. [TETI10] Das Wirkprinzip eines piezoelektrischen Sensors ist in Abbildung 2.3 dargestellt.

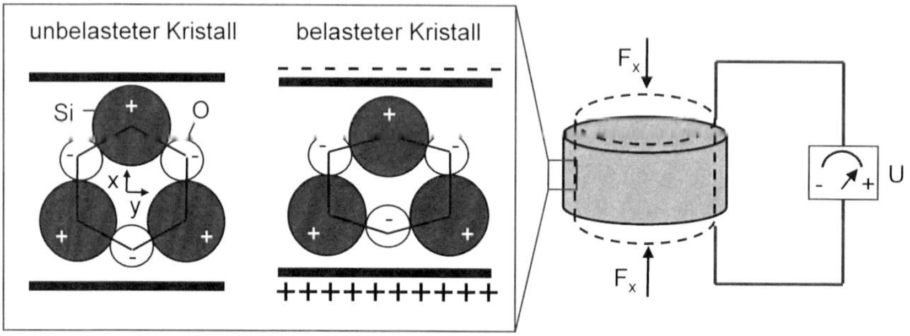

Abbildung 2.3: **Wirkprinzip eines piezoelektrischen Sensors**

Operating principle of a piezoelectric sensor

Für eine Analyse des Bohrprozesses gibt es spezielle Dynamometer. Mit Hilfe dieser Dynamometer ist es möglich die Kräfte in allen drei Raumrichtungen sowie das Drehmoment M_z zu bestimmen. Dabei kann beispielsweise über einen Anstieg des Drehmomentes Mz auf den Verschleißzustand des Bohrers zurückgeschlossen werden.

2.3 Grundlagen der Körperschallsensorik

Fundamentals of the acoustic emission sensor

Körperschall bezeichnet das Gebiet der Akustik, welches sich mit der Erzeugung, Übertragung und Ausbreitung von zeitlich wechselnden Bewegungen und Kräften in festen Körpern beschäftigt. Laut der Definition des Begriffes Körperschall werden zu diesem physikalischen Begriff hörbare Frequenzen, welche im Bereich von 16 Hz bis 16 kHz liegen, zugeordnet. Für Messmethoden, wie sie in dieser Arbeit zu Anwendung kommen, werden jedoch Frequenzen, die dem Ultraschallfrequenzbereich zugeordnet werden können, analysiert. [MOES10] Der Frequenzbereich liegt hierbei im Bereich 50 kHz bis 1 MHz. Für eine Abgrenzung zum Begriff Körperschall wird daher im Verlauf dieser Arbeit auch der Begriff Acoustic Emission verwendet. Die ASTM (engl.: American Society for Testing and Materials) hat den Begriff Acoustic Emission wie folgt definiert *„Acoustic Emission bezeichnet eine Klasse von Phänomenen, bei denen transiente elastische Wellen durch die plötzliche Freisetzung von Energie an lokalen Quellen im Material generiert werden“* [ANSI77]. Im folgenden Unterkapitel werden die Grundlagen zur Prozessüberwachung mit Hilfe von Körperschallsignalen sowie bestehende Arbeiten zur Verschleißüberwachung vorgestellt.

2.3.1 Grundlagen der Schallausbreitung in metallischen Festkörpern

Fundamentals of sound propagation in metallic solids

Bevor der Aufbau sowie die Funktionsweise des Körperschallsensors erläutert werden können, bedarf es zunächst einer Erläuterung der grundlegenden physikalischen Gesetzmäßigkeiten der Schallausbreitung in metallischen Festkörpern. Wenn ein schwingender Massepunkt m_1 mit anderen, räumlich benachbarten Massepunkten m_k gekoppelt ist, kann sich eine Schwingung infolge dieser Kopplung im Raum ausbreiten. Die Schwingungsenergie wird dabei räumlich transportiert. Eine solche räumliche Ausbreitung von Schwingungen wird Welle genannt. [DEMT08] In festen metallischen Körpern, durch die elastische Deformation hervorgerufen, wird durch steigende quasistatische Belastung potentielle Energie gespeichert. Diese energetischen Unterschiede verursachen metastabile Zustände im Kristallverband, die bei lokalem Überschreiten bestimmter Spannungsgrenzen sprunghaft in neue Gleichgewichtszustände niedriger Energie umschlagen. Die dabei freigesetzte Energie breitet sich als elastische Welle aus und wird als Schallimpuls an die Umgebung abgegeben. Durch die kurze Dauer der Einzelimpulse entsteht eine Anregung, welche durch einen breiten Frequenzbereich bis hin zu mehreren Megahertz charakterisiert ist. [SCHE91] Die elastischen Wellen können sich dabei in Form von Longitudinal-, Transversal-, Rayleigh-, Biege- sowie Torsionswellen im Material ausbreiten. Von der Quelle breiten sich die Wellen in einer Raumwelle, die sowohl einen longitudinalen als auch einen transversalen Anteil haben, bis zur Bauteiloberfläche aus. [BOOS15]

Longitudinal- und Transversalwellen treten in mehrdimensionalen Festkörpern, infolge der nicht vernachlässigbaren Schubkräfte, die nur in unendlich ausgedehnten Systemen reine Dehnungs- bzw. Biegewellen sind, auf [GESC01]. Das wesentliche Merkmal der Longitudinalwelle ist, dass die Schwingungs- und Ausbreitungsrichtung der Welle zusammenfallen. Transversalwellen breiten sich zwar ebenfalls in unendlich ausgedehnten Medien aus, schwingen jedoch senkrecht zu ihrer Ausbreitungsrichtung (siehe Abbildung 2.4). [MOES12] Beim Auftreffen von Raumwellen auf eine Oberfläche entstehen Oberflächenwellen. Ein Beispiel einer Oberflächenwelle ist die Rayleighwelle. Sie zeichnet sich durch die Eigenschaft aus, einen Tiefeneinfluss bis lediglich etwa einer Wellenlänge zu besitzen. Weitere Eigenschaften sind eine elliptische Polarität sowie eine sehr hohe Frequenzbandbreite. [HESS95] Biegewellen sind laut Definition Transversalwellen mit einer frequenzabhängigen Winkelbewegung.

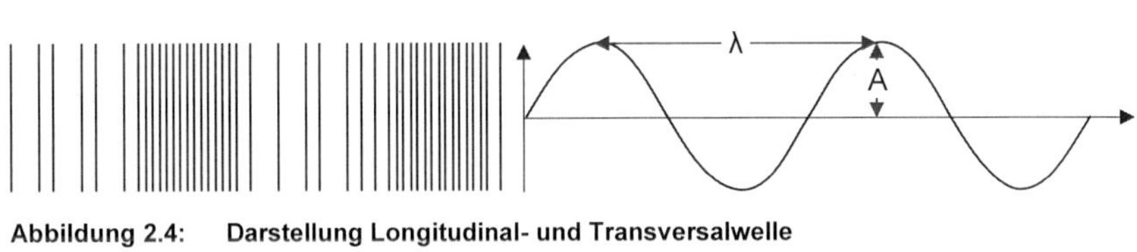

Abbildung 2.4: Darstellung Longitudinal- und Transversalwelle

Representation of longitudinal and transverse wave

Unter der Annahme eines ideal starren Körpers mit unendlicher Ausdehnung breitet sich Schall von der Quelle ausgehend als kugelförmige Welle mit der Schallgeschwindigkeit von c_{Stahl} = 5100 m/s (für Stahl) aus.

Bauteileigenschaften	Wirkung
Korngrenzen, Risse, Einschlüsse und Dopplungen	Reflektionen, Brechung und Streuung
Anisotropie	Richtungsabhängige Schallgeschwindigkeit
Inhomogenitäten	Unsymmetrische Verzerrungen der Wellenfronten
Nichtlinear elastisches Verhalten	Dämpfung und Dispersion
Richtcharakteristik der Quellen	Abstrahlung mit richtungsabhängiger Intensität

Abbildung 2.5: Bauteileigenschaften mit einem Einfluss auf die Wellenausbreitung [SCHE91]

Component properties with an influence on the wave propagation [SCHE91]

Neben der Veränderung der Wellenart beim Auftreffen auf freie Oberflächen nennt SCHEHL Bauteileigenschaften, die einen Einfluss auf die Ausbreitung der emittierten Wellen haben. Eine Liste der Eigenschaften sowie derer Wirkung ist in Abbildung 2.5 dargestellt. Dabei sind besonders Korngrenzen, Risse und Einschlüsse hervorzuheben, welche Reflexionen, Brechung als auch die Streuung der Welle als Folge haben. Anisotropie und Inhomogenitäten des Werkstoffs sowie ein nichtlineares elastisches Verhalten können Verzerrungen der Wellenfronten sowie Dämpfungen der Welle als Folge haben und erschweren somit maßgeblich die Analyse des Körperschallsignals. [SCHE91]

2.3.2 Grundlagen der Körperschallsensorik

Basics of the acoustic emission sensor

Die Körperschallmesstechnik ist ein zerstörungsfreies Messverfahren. Dabei wird die Menge an Dehnungsenergie gemessen, die während der Verformung und des Versagens von Werkstoffen freigesetzt wird. Generell können unterschiedliche Quellen für die Entstehung von Körperschallwellen detektiert werden. Diese sind beispielsweise ein plötzlich entstehender Riss im Werkstoff, eine martensitische Umwandlung oder Reibeffekte. Die Analyse der körperschallerzeugenden Quellen ist sehr komplex, da die Wellen durch eine Kombination der genannten Ereignisse verursacht wird. [MIZU16]

In Abbildung 2.6 sind unterschiedliche Quellen für die Entstehung von Körperschall in der Zerspanzone dargestellt. Neben der bereits erwähnten Reibung zwischen Werkstück und Werkzeug und der Rissentstehung bzw. der -ausbreitung entsteht Körperschall besonders durch die plastische Deformation in der Scherebene sowie durch den Einfluss der Späne. Dabei kann, hervorgerufen durch den Bruch des Spans oder durch den Aufprall des Spans auf das Werkstück, ein charakteristisches Körperschallsignal hervorgerufen werden. In der Zerspanzone hat zudem die Reibung des Spans auf der Spanfläche eine Auswirkung auf das Körperschalsignal. [KLOC16]

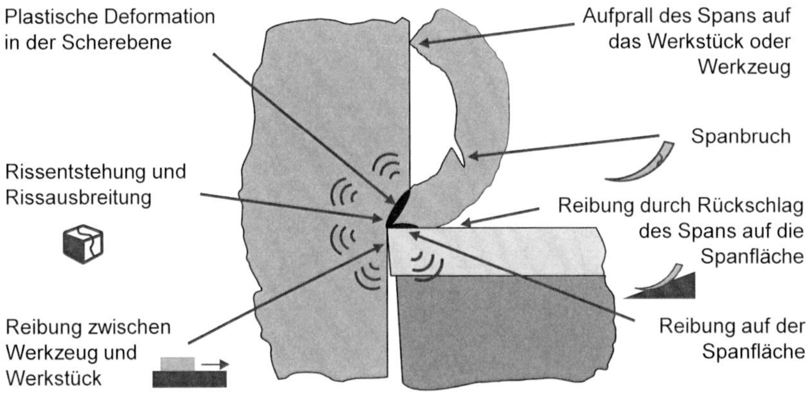

Abbildung 2.6: Körperschallquellen in der Zerspanung [KLOC18]

Acoustic emission sources in machining [KLOC18]

Das Grundprinzip des Sensors basiert auf der Bestimmung der Wirkung der Beschleunigung auf ein gedämpftes Feder-Masse-System. Durch die Verwendung eines geeigneten Wegmesssystems, kann die Verschiebung der elastisch an das Gehäuse angekoppelten seismischen Masse bestimmt werden. Mathematisch wird dies durch die Schwingungsdifferentialgleichung des geschwindigkeitsproportional gedämpften Einmassenschwingers ausgedrückt. Die Konstante c ist dabei die Federkonstante und d der Dämpfungskoeffizient.

$$m\ddot{x} + d\dot{x} + cx = 0$$

Es existieren unterschiedliche Bauformen eines Köperschallsensors: kapazitiv, magnetisch, induktiv und piezoelektrisch. [KARP01] Da im Verlauf dieser Arbeit nur die letztgenannte Bauform Verwendung findet, wird auf eine Beschreibung der weiteren Bauformen an dieser Stelle verzichtet. In Abbildung 2.7 ist der schematische Aufbau eines piezoelektrischen Körperschallsensors dargestellt.

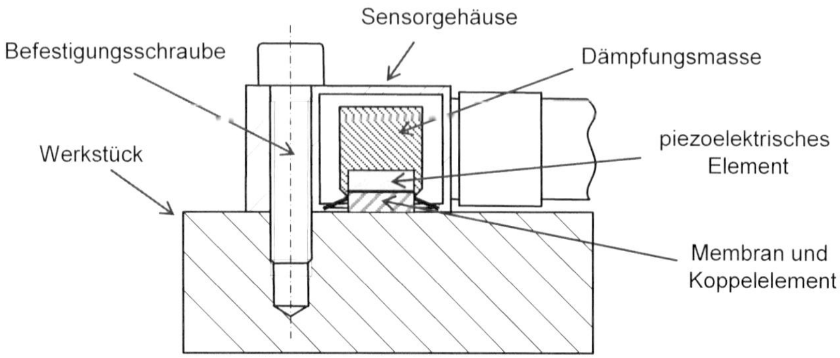

Abbildung 2.7: Schematischer Aufbau piezoelektrischer Körperschallsensor

Schematic structure of piezoelectric acoustic emission sensor

Körperschallsignale können, je nach Einsatzgebiet, sowohl mit Resonanz- als auch Breitbandsensoren aufgezeichnet werden. Der in Abbildung 2.7 skizzierte Körperschallsensor kann dabei zu den Breitbandsensoren zugeordnet werden und besitzt keine seismische Masse, sondern eine zur verwendeten Piezokeramik vergleichsweise große Dämpfungsmasse. Dies hat zum Vorteil, dass das Frequenzspektrum des Sensorausgangssignals nahezu mit der Erregerschwingung übereinstimmt. Daher kommen diese Sensoren speziell zur Frequenzanalyse zum Einsatz. [KIRC95] Die Sensormontage auf der Materialoberfläche beeinflusst maßgeblich die spätere Messung der Körperschallwellen. Die Materialoberfläche sollte im Vorfeld der Montage gereinigt werden und dabei frei von Schmutz, Resten von Kühlschmierstoffen und anderen Barrieren sein, die sich zwischen Sensor und Oberfläche setzen können und so die Übertragung beeinflussen könnten. Je weiter der Sensor von der Körperschallquelle entfernt platziert ist, desto größer ist die Signaldämpfung. Wenn der Körperschallsensor auf der Werkstückseite montiert wurde, ist der sich während der Bearbeitung ändernde Abstand zwischen Sensor und Quelle ein Faktor, der bei einer späteren Auswertung berücksichtigt werden muss. KETTLER hat festgestellt, dass eine Dämpfung von ca. 3 dB pro Schnittstelle vorliegt. [KETT96]

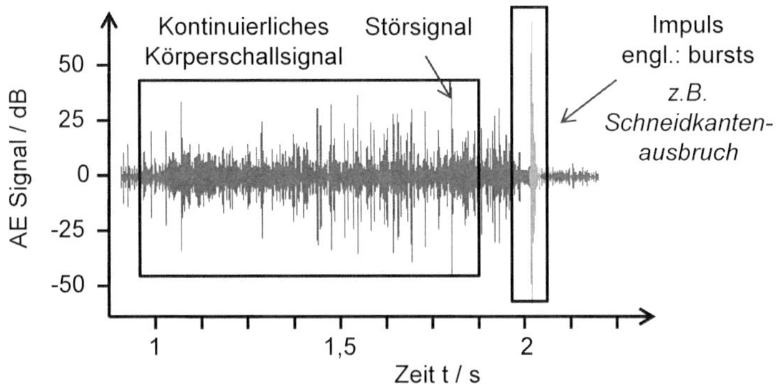

Abbildung 2.8: Beispiel eines aufgezeichneten Körperschallsignals

Example of a recorded acoustic emission signal

Das beim Zerspanprozess aufgezeichnete Körperschallsignal kann in zwei unterschiedliche Signaltypen eingestuft werden: kontinuierliches Signal und Impuls (engl.: burst) [SHEN15]. Die zwei unterschiedlichen Signaltypen sind in Abbildung 2.8 anhand eines charakteristischen Körperschallsignals dargestellt. Wie in der Abbildung dargestellt entsteht das kontinuierliche Signal z.B. durch Reibeffekte bei der kontinuierlichen Spanbildung oder durch plastische Verformungen in duktilem Material hervorgerufen durch das Wandern von Versetzungen. Signale vom Typ „burst" treten aufgrund von Risswachstum und Bruch auf. Das Auftreten der jeweiligen Signaltypen kann nicht vorausgesagt werden, weshalb sie als stochastisch anzusehen sind. [VESE12] Bursts besitzen im Vergleich zum kontinuierlichen Signal eine signifikant höhere Amplitude und treten kurzzeitig auf. Um die Burstsignale zur Überwachung nutzen zu können, muss eine Unterscheidung zwischen Stör- und Nutzsignalen erfolgen. Meist können Bursts mit weniger als drei Überschwingungen, weniger als $t = 3$ µs Dauer und einer Anstiegszeit kleiner als $t = 1$ µs zu den Störsignalen zugeordnet werden und somit für eine Prozessüberwachung herausgefiltert werden. [VALL01] Ein solches Störsignal ist in Abbildung 2.8 gekennzeichnet.

Die Bestimmung einer Übertragungsfunktion eines Körperschallsensors stellt sich in der Praxis als sehr komplex dar. Zur Vereinfachung wird oft angenommen, dass die Übertragung zwischen mechanischer und elektrischer Größe durch eine lineare Übertragungsfunktion charakterisiert werden kann. Eine weitere Möglichkeit ist die Wiedergabe mittels eines Amplitudenspektrums, das die Reaktion des Sensors auf verschiedene Frequenzen aufzeigt. Um die genaue Funktion bestimmen zu können, muss eine bekannte Eingangsfunktion zur Verfügung stehen. Durch Messung der Ein- und Ausgangsfunktion lässt sich dann eine Übertragungsfunktion bestimmen. Aufgrund der Tatsache, dass es in der Praxis meist nicht möglich ist die Anregung am Eingang des Sensors zu messen, wird die Übertragungsfunktion des gesamten Systems bestehend aus Sensor, Bauteil, Maschine, etc. gemessen. Für diesen Zweck stehen verschiedene Kalibrierungsverfahren zur Verfügung. Eine der bekanntesten Methoden ist das

Verfahren mittels Anregung der sogenannten Hsu-Nielsen-Quelle. Die Anregung sowie das zugehörige emittierte Frequenzspektrum ist in Abbildung 2.9 dargestellt.

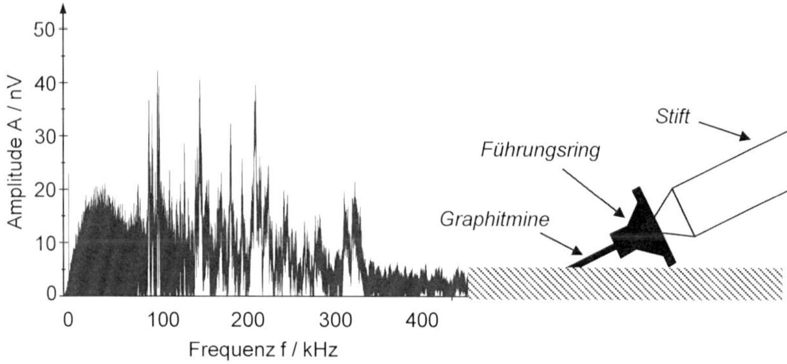

Abbildung 2.9: Anregung mittels Hsu-Nielsen-Quelle

Excitation by means of Hsu-Nielsen source

Im Grunde ist die Anregung mit der Hsu-Nielsen-Quelle keine relative Kalibrierung, sondern eine Methode, um möglichst schnell die Frequenzcharakteristik sowie die Empfindlichkeit des Systems auszuwerten. [SCHE00] Bei der Methode der Graphitmine wird eine Bleistiftmine gegen das Werkstück gedrückt, wodurch sich im Material eine Spannung aufbaut, die beim Bruch der Mine schlagartig freigesetzt wird. Zur Durchführung wird die Mine, im Idealfall mit Hilfe eines Führungsringes, im Winkel von 30° auf das Werkstück gedrückt.

2.3.3 Signalverarbeitung und Feature Analyse

Signal Processing and Feature Analysis

Die Signal- und Systemtheorie befasst sich mit der Beschreibung von Signalen und mit der Beschreibung, Analyse und Synthese von Systemen. Die Anwendung dieser Theorien, z.B. in Form von digitalen Filtern, heißt Signalverarbeitung. Signale können als Träger von Informationen und Energie angesehen werden und werden in physikalische Größen z.B. einer elektrischen Spannung ausgedrückt. Die Information ist ein Wissensinhalt, die Wissensdarstellung wird über das Signal vermittelt. So ist z.B. die Temperatur in der Zerspanzone eine messbare Prozessgröße und gibt Rückschlüsse über den Zustand des Werkzeuges. Die aufgezeichneten Signale der jeweiligen Prozessgröße werden meist im Zeitbereich aufgezeichnet und können in diesem bereits analysiert werden. Analoge und digitale Signale können ebenfalls in ihrem Spektrum dargestellt werden, welches die Zusammensetzung eines Signals im Frequenzbereich oder Bildbereich anstelle des Zeitbereiches zeigt. Mit Hilfe einer mathematischen Abbildung sind diese beiden Darstellungen ineinander überführbar. Der Informationsgehalt des Signals wird dadurch nicht verändert, das Signal wird lediglich anders dargestellt, welches je nach Anwendungsfall die Auswertung bzw. die Interpretation der Signale vereinfacht. [MEYE11]

Mit Hilfe der Fourier-Transformation lassen sich die im Zeitbereich aufgenommenen Signale in den Frequenzbereich überführen. Für endliche Folgen wird oft die sogenannte diskrete Fourier-Transformation (DFT) verwendet. Sie entspricht den Abtastwerten der Fourier-Transformation des Signals bei äquidistanten Frequenzen und spielt eine wichtige Rolle bei der Analyse, beim Entwurf und bei der Implementierung zeitdiskreter Signalverarbeitungsalgorithmen. [OPPE04] Für eine Reduzierung der notwendigen Multiplikationen, welche eine Reduzierung des Rechenaufwandes und daher eine schnelle Transformation in den Frequenzbereich ermöglicht, wurde der Algorithmus der Fast-Fourier-Transformation (FFT) entwickelt.

Die FFT ist ein spezielles Verfahren zur Durchführung numerischer Berechnungen, das die Auswertung der diskreten Fourier-Transformation schneller ermöglicht. Die Grundidee besteht darin, dass die Blocklänge der DFT in kleine ganzzahlige Blöcke unterteilt wird, welches einer mathematischen Zerlegung entspricht. Aufgrund des quadratischen Anstieges des Rechenaufwandes in Abhängigkeit von der Blocklänge, entsteht eine Einsparung des benötigten Rechenaufwandes. [BRIG92]

Aus den Signalen im Zeit- und Frequenzbereich können zur Analyse sogenannte Zeitreiheneigenschaften (engl.: Features) extrahiert werden. Mit Hilfe der gewonnenen Features können mögliche Korrelationen beispielsweise zum Verschleißzustand des Werkzeuges untersucht werden. Dabei sind zwei wichtige Begriffe zu unterscheiden: Feature Selection und Feature Extraction. Die Feature Selection ist dabei der Prozess die Features zu identifizieren, die den größten Einfluss auf das entwickelte Modell haben. Die Dimensionsreduzierung der ausgewählten Features durch die Kombination der einzelnen ausgewählten Methoden wird Feature Extraction genannt. Beide Begriffe werden unter der Bezeichnung Feature Engineering zusammengefasst. [WUJE16]

Abbildung 2.10 stellt eine Übersicht über die häufig verwendeten statistischen Kennwerte im Zeit- und Frequenzbereich dar. TETI ET AL. verwiesen ebenfalls auf die Bedeutung der Features und stellten die wichtigsten Zeitreiheneigenschaften dar, die sich mit der gezeigten Abbildung inhaltlich überschneiden. Im Folgenden sollen exemplarisch einige Beispiele für die Verwendung von Features vorgestellt werden.

Zeitbereich	Frequenzbereich
Maxima, Minima	Summe der totalen Bandleistung
Arithmetisches Mittel, Mittelwert	Mittel u. Varianz des Leistungsbandes
Betrag, Quadratischer Mittelwert	Leistungs-Spektraldichte
Spitze-Spitze, Spitze-zu-Tal Amplitude	Schiefe u. Kurtosis der Bandleistung
Scheitelfaktor, Signalverhältnis	Verhältnis quadratischen Mittelwerte
Schiefe, Kurtosis	Spektrale Kurtosis und Cepstrum
Varianz und Standardabweichung	

Abbildung 2.10: Übersicht häufig verwendeter statistischer Kennwerte
Overview of frequently used statistical parameters

Zur Analyse des Werkzeugzustandes eines Drehprozesses wurden Features aus den aufgenommenen Schwingungssignalen verwendet. Es wurde eine Vielzahl von statistischen Kennwerten auf eine Korrelation bezüglich des Verschleißzustandes getestet. Der Effektivwert (engl.: Root Mean Square (RMS)) sowie die Varianz des Signals wiesen dabei die größte Signifikanz auf. [SALG06] Li et al. stellten fest, dass das Maximum, der Mittelwert und die Standardabweichung besonders für die Beschreibung des Werkzeugverschleißes anhand der Kraftsignale geeignet sind. [LI09] Die ausgewählten Beispiele zeigen das Potential der Features im Hinblick auf eine Erhöhung der Aussagekraft der aufgenommenen Signale. Dabei ist es jedoch zu beachten, dass Kennwerte nicht isoliert analysiert werden sollen. Meist ist nur durch die Analyse mehrerer Kennwerte eine vollständige Beschreibung des zu untersuchenden Phänomens möglich.

2.3.4 Verschleißüberwachung
Wear monitoring

Eine Werkzeugüberwachung bzw. die Bestimmung des Verschleißzustandes von Zerspanwerkzeugen kann durch unterschiedliche Ansätze erfolgen. Zunächst kann der Verschleißzustand über eine visuelle Prüfung des Werkzeuges bestimmt werden. Dafür muss das Werkzeug der Maschine entnommen werden. Durch die Bestimmung der Verschleißmarkenbreite (VB) oder des Schneidkantenversatzes kann hierbei eine Charakterisierung des Verschleißzustandes durchgeführt werden. Eine Abschätzung des Verschleißzustandes kann über die Werkzeugeinsatzdauer erfolgen. Dieser Ansatz geht von einer, nach dem Einlaufverschleiß, linear ansteigenden Abnutzung aus und nähert daher den tatsächlichen Verschleiß nur an.

Als indirekte Größe kann die Werkstückqualität gemessen werden und somit Rückschlüsse auf den Zustand des Werkzeuges geschlossen werden. Neben kamerabasierten Messverfahren auf die an dieser Stelle nicht weiter eingegangen wird, ist die Online-Erfassung von verschleißkorrelierenden Prozesskenngrößen mit Hilfe von Sensoren ein etablierter Ansatz zur Verschleißbestimmung. [HESS18]

Aktuelle Arbeiten zur Verschleißüberwachung mit piezoelektrischen Sensoren

Voraussetzung für eine Beurteilung des Verschleißzustandes von Zerspanwerkzeugen ist eine Korrelation der Veränderung des Werkzeugzustandes infolge von Verschleiß zu einer Ersatzmessgröße. Das ausgewählte Verschleißmerkmal kann mit Hilfe des zugrundeliegenden Übertragungsverhaltens klassifiziert und abgeschätzt werden. [DIML00] Eine zentrale Ersatzmessgröße ist dabei die Zerspankraft. Eine Änderung der Schneidengeometrie, hervorgerufen durch den Materialverlust an der Werkzeugschneide infolge der unterschiedlichen Verschleißmechanismen, bewirkt eine Veränderung der Reibungsverhältnisse im Kontaktbereich zwischen Werkzeug und Werkstück [ZANG13, BIND15] und führt somit zu einem Anstieg des mechanischen Beanspruchungskollektivs. Dieser Anstieg kann mit piezoelektrischen Sensoren detektiert werden. Für eine Verschleißüberwachung des Werkzeuges mit Hilfe piezoelektrischer Sensoren muss zunächst die Charakteristik des zu untersuchenden Prozesses analysiert und mögliche Positionen des Kraftsensors untersucht werden. Eine direkte Kraftmessung mit piezoelektrischen Sensoren erfordert, dass der Kraftaufnehmer in einer Linie mit dem Kraftfluss montiert ist. Da dies oft nicht möglich ist, wurden Mehrkomponentendynamometer, die eine größere Flexibilität aufweisen, entwickelt und in Laboranwendungen oft Anwendung finden. Zusätzlich sind rotierende Schnittkraftdynamometer erhältlich und werden beispielsweise beim Hochgeschwindigkeitsfräsen von Materialien für die Luft- und Raumfahrt eingesetzt. Über ein Telemetriesystem werden die aufgezeichneten Daten vom rotierenden Teil des Sensors an den Stator weitergegeben. [TETI10] Konzepte zur Kraftmessung beim Bohren wurden zum Beispiel von BYRNE und O'DONNELL entwickelt. Dabei wurden zwei piezoelektrische Kraftsensorringe in eine direkt angetriebene Motorspindel integriert. Die Ergebnisse wurden mit der aufgezeichneten Motorleistung verglichen. Da jedoch der Einfluss der Spindel- und Maschinendynamik berücksichtigt werden muss, sind solche Systeme in der Praxis schwer umzusetzen. [BYRN07]

Im Vergleich zur piezoelektrischen Kraftmessung bietet der Körperschallsensor einige Vorteile. Zunächst können hochfrequente Signalanteile aufgenommen und ausgewertet werden, die von mechanischen Schwingungen unbeeinträchtigt bleiben. Die Montage eines Körperschallsensors ist charakteristisch flexibler als die eines Kraftsensores. Sie besitzen deutlich kleinere Abmessungen und müssen nicht im Kraftfluß der Maschine angebracht werden. Dies hat den Vorteil, dass keine Steifigkeitsverluste entstehen können. Körperschallsensoren sind robust gegenüber Strahlwasser aus einem beliebigem Winkel und sind staubdicht (IP65). Zudem sind sie deutlich preiswerter als piezoelektrische Kraftsensoren. [KETT96]

Aktuelle Arbeiten zur Bestimmung des Verschleißzustandes mit Hilfe von Körperschallsignalen

Bereits Ende der 1990er bis Anfang der 2000er Jahre wurden Untersuchungen im Gebiet der Verschleißbewertung und -erkennung mit Hilfe der Körperschallsensorik bei Prozessen mit geometrisch unbestimmter Schneide sowie mit geometrisch bestimmter Schneide durchgeführt. Für den Schleifprozess sind hierbei zu meist Arbeiten zur Detektion des Schleifbrandes zu nennen. KLUMPEN entdeckte bei seinen Untersuchungen, dass die spektrale Zusammensetzung des bei der Schleifbearbeitung generierten Körperschallsignals maßgeblich vom Sensor, dem Werkstoff und der Werkstückgeometrie abhängig ist. Andere Stellgrößen wie beispielsweise die Maschinen-Stellgröße verursachen lediglich globale Verstärkungen oder Abdämpfungen. Daher sind für die Auslegung der Messstrecke besonders die Eigenschaften der verwendeten Sensorik und der Übertragungsstrecke zu beachten. In Schleifuntersuchungen konnte gezeigt werden, dass Schleifbrand in einem diskreten Frequenzband der Körperschallemissionen im Bereich f = 550 – 900 kHz nachweisbar war. [KLUM94] Weiterführende Arbeiten zur Untersuchung der Schleifbranddetektion wurden von SAXLER durchgeführt. Dabei wurden die Schallentstehung sowie die Schallausbreitung bezogen auf physikalische Gesetzmäßigkeiten wie z.B. Phasenumwandlungen oder Rißbildung analysiert [SAXL97].

Für Fertigungsverfahren mit definierter Schneide wurden grundlegende Untersuchungen zur Bestimmung unterschiedlicher Einflüsse beispielsweise der Spanbildung sowie der Auswertung des Werkzeugverschleißes auf die Ausprägung der Körperschallsignale durchgeführt. ZINKANN analysierte in seinen Arbeiten den Spanbildungsvorgang als körperschallemittierende Quelle. Zur Klärung dominierender Körperschallquellen wurden die Spanbildung und die damit einhergehenden Verformungs-, Reibungs- und Bruchvorgänge grundlegend untersucht. Dabei stellte er fest, dass die Gleitreibung in der Kontaktzone, unter Elimination des Einflusses des Spanbruches und verschleißbedingter Bruchvorgänge sowie unter der Voraussetzung eines kontinuierlichen Schnitts, die dominierende Quelle darstellt. Bei hohen Vorschüben und dem Einsatz scharfer Schneiden dominiert die Reibung zwischen Span und Spanfläche, wohingegen bei niedrigen Vorschüben die Reibung zwischen Werkzeug und Werkstück vorherrscht. [ZINK99]

MÄNNEL stellte bei seinen Untersuchungen heraus, dass die Maximalamplitude des Roh- und des berechneten RMS-Signals in einem Frequenzbereich von f = 80 – 150 kHz geeignet ist, um eine Aussage bezüglich der Reibungsverhältnisse zu treffen. [MAEN01] Durch eine breitbandige Auswertung des AE-RMS-Signals im unteren Frequenzbereich, lässt sich eine Verschleißerkennung, bedingt durch den verschleißbedingten Anstieg des Mittelwertes des Effektivwertes, realisieren. Die zunehmende Reibung zwischen Schneide und Werkstückoberfläche ist für diesen Effekt maßgeblich verantwortlich. [KETT97] Aufgrund der in dieser Zeit vorliegenden technischen Möglichkeiten wurden diese Untersuchung meist mit dem bereits erwähnten RMS-Wert (RMS: Root Mean Square] durchgeführt. Dieser Effektivwert stellt einen quadratischen Mittelwert des aufgezeichneten Körperschallsignals dar. Die Folge der

Nutzung dieses Effektivwertes ist die Reduzierung der Datenmenge, wodurch die Daten leichter verarbeitbar waren, jedoch auch einen geringeren Informationsgehalt beinhalteten, da die Abtastrate deutlich reduziert wurde. SCHEER untersuchte im RMS-Signal charakteristische Merkmale für den Bohrprozess. Dabei traten beim ersten Kontakt zwischen Werkstück und Werkzeug sowie während des Bohrprozesses charakteristische Ausschläge im RMS-Signal auf. Die Ausschläge während des Bohrprozesses ließen sich auf Spanbrüche zurückführen. [SCHE00]

Durch den technischen Fortschritt der letzten Jahre ist es heutzutage nicht mehr notwendig auf den RMS-Wert zurückzugreifen, so dass die Verarbeitung der Rohsignale des Körperschallsignales deutlich vereinfacht wurde und daher für eine Überwachung des Verschleißzustandes genutzt werden können. Einen Überblick der Forschungsaktivitäten in diesem Bereich gibt KISHAWY [KISH18]. Die Haupterkenntnis ist dabei, dass Körperschallsignale eine effektive Überwachungstechnik für die Charakterisierung der Spanbildung, der Oberflächenqualität sowie des Werkzeugverlaufs darstellen. Dabei ist herauszustellen, dass die Analyse des Frequenzbereiches für das Auffinden von Korrelationen zwischen Kennwerten des Körperschallsignals und des Verschleißzustandes der Analyse des Zeitbereichs vorzuziehen ist. Die hier vorgestellten Arbeiten beziehen sich größtenteils auf Ergebnisse von Untersuchungen von Zerspanversuchen mit geometrisch bestimmter Schneide. Aktuelle Arbeiten bezüglich des Schleifprozesses [YIMI17] sowie beim Rührreibschweißen [ZUO18] sollten kurz erwähnt jedoch nicht im Detail vorgestellt werden. YIMING ET AL. untersuchten anhand eines Einkornritzversuches den Einfluss des Abrasionsverschleißes auf das Körperschallsignal durch die Analyse extrahierter Features.

Der Werkzeugverschleiß bei der Bearbeitung von Verbundwerkstoffen wie beispielsweise kohlenstofffaserverstärkter Kunststoff beeinflusst maßgeblich das Prozessergebnis, da durch den Werkzeugverschleiß die Bildung von Delaminationsvorgängen sowie von fehlerhaften Kanten (Ausfransungen) begünstigt wird. Die Veränderung des Frequenzspektrums des Körperschallsignals bei der Bohrbearbeitung von kohlenstofffaserverstärkten Kunststoffen ist daher die Grundlage für die Realisierung einer Online-Verschleißüberwachung. [LENG20]

Durch eine vergrößerte Verschleißmarkenbreite auf der Freifläche des Werkzeugs, erhöht die vergrößerte Kontaktfläche zwischen Werkzeug und Werkstück die Schnittkraft und verstärkt dadurch die Resonanz der Spindel. Eine herrschende Korrelation zwischen Zeit-Frequenz-Merkmalen, die während des Fräsprozesses aus dem aufzeichneten Körperschallsignal extrahiert wurden, und dem Werkzeugverschleiß konnte LIU zeigen. Mit Hilfe der Zeit-Frequenz-Merkmale wurde ein Regressionsmodell sowie ein künstliches neuronales Netz entwickelt und angelernt, um den Grad des Werkzeugverschleißes vorherzusagen. Die Ergebnisse der Vorhersagegenauigkeit waren dabei unabhängig der unterschiedlich eingestellten Schnittbedingungen. [LIU19] Ähnliche Ergebnisse zur Analyse des Verschleißzustandes mit Hilfe von Körperschallsignalen beim Fräsprozess wurden bereits durch HUNG und AI [HUNG12; AI12] gezeigt. Abbildung 2.11 ordnet den vorgestellten wissenschaftlichen Arbeiten ihren jeweiligen Prozessen zu und gruppiert sie nach den verwendeten Signalen (Körperschallrohsignal und RMS-Signal des Körperschall). Die Arbeiten von VESELOVAC lassen sich in beide Bereiche einordnen. Es wurden Körperschallsignale mittels des RMS-Signals sowie des Rohsignals analysiert. Dabei lag der Fokus auf der Werkstücküberwachung und der Analyse möglicher Korrelationen zwischen den Sensorsignalen und der Lebensdauer des Bauteils. [VESE12] Eine Korrelation zwischen dem Verschleißzustand, im Speziellen des Freiflächenverschleißes, des Bohrwerkzeugs und dem Körperschallrohsignal wurde bisher nicht wissenschaftlich aufgearbeitet. Daraus leitet sich das Wissensdefizit dieser Arbeit ab.

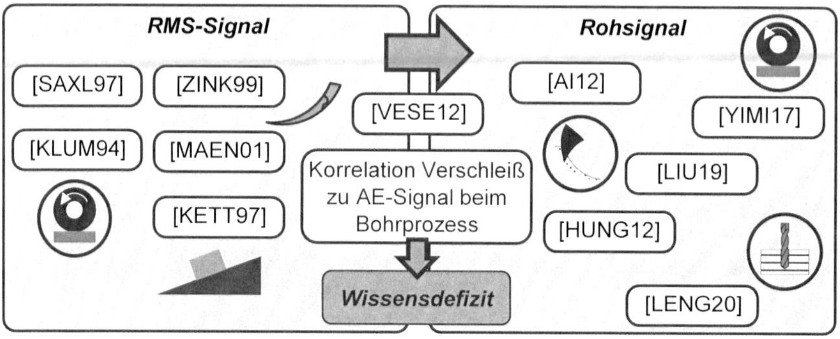

Abbildung 2.11: Übersicht wissenschaftlicher Arbeiten unter der Verwendung von Körperschallsignalen zur Prozessüberwachung

Overview of scientific work using acoustic emission signals for process monitoring

2.4 Machine Learning Algorithmen in der Fertigungstechnik

Machine Learning Algorithm for Manufacturing Technologyl

Die Verwendung von Algorithmen des Maschinellen Lernens zur Analyse großer Datenmengen in der Forschung ist in den letzten Jahren exponentiell gestiegen. Ein Indiz dafür ist die Anzahl der Publikationen in wissenschaftlichen Fachzeitschriften mit Machine Learning Bezug, die im Jahr 2006 mit ungefähr 9600 Veröffentlichungen auf 21700 Veröffentlichungen im Jahr 2016 angestiegen sind. Dabei entstanden die ersten Ansätze des maschinellen Lernens bereits in den späten 1940er Jahren, in denen, angeregt durch das Verständnis verteilter neuronaler Prozesse im Gehirn, erste Konzepte von Künstlichen Neuronalen Netzen entstanden. Jedoch erst durch den Fortschritt der Computertechnologie um die Jahrtausendwende und das Aufkommen von immer größer werdenden Datenmengen, wurde das Lernen von sehr komplexen Künstlichen Neuronalen Netzen ermöglicht. [FRAU18]

Im folgenden Kapitel werden die Grundlagen unterschiedlicher Ansätze des Maschinellen Lernens erläutert sowie die aktuell am häufigsten verwendeten Algorithmen vorgestellt. Das Kapitel schließt mit einer Vorstellung von wissenschaftlichen Arbeiten zur Verwendung der Ansätze des Maschinellen Lernens im Umfeld der Fertigungstechnik, speziell im Bereich der Zerspantechnologie.

2.4.1 Grundlagen und Ansätze des maschinellen Lernens

Machine learning basics and approaches

Maschinelles Lernen ist ein Teil der künstlichen Intelligenz. Um intelligent zu sein, muss ein System, welches sich in einer sich verändernden Umgebung befindet, die Fähigkeit zum Lernen besitzen. Maschinelles Lernen kann abstrahiert dargestellt werden als die Verwendung von Beispieldaten oder Erfahrungen aus der Vergangenheit zur Programmierung von Computern zur Optimierung eines Leistungskriteriums. Es werden Theorien der Statistik beim Aufbau mathematischer Modelle verwendet. Dabei sind zwei unterschiedliche Sichtweisen zu berücksichtigen. Zunächst bedarf es effizienter Algorithmen zur Lösung des Optimierungsproblems sowie zur Speicherung und Verarbeitung großer Datenmengen. Zweitens muss die algorithmische Lösung des entwickelten Modells effizient gestalten sein. Bei bestimmten Anwendungen kann die Effizienz des Lernalgorithmus, seine räumliche und zeitliche Komplexität, ebenso wichtig sein wie seine Vorhersagegenauigkeit. [ALPA04]

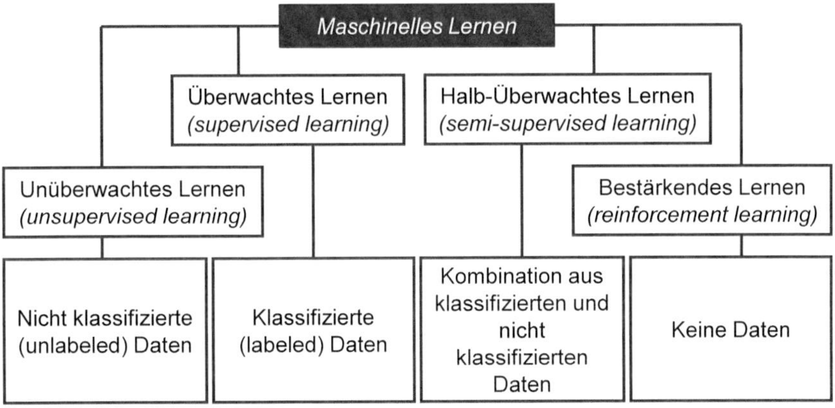

Abbildung 2.12: Ansätze des maschinellen Lernens nach MOHAMMED [MOHA17]

Machine learning approaches according to MOHAMMED [MOHA17]

Abbildung 2.12 stellt die unterschiedlichen Ansätze des maschinellen Lernens dar. Das Halb-Überwachte Lernen ist zur Vollständigkeit in der Abbildung aufgelistet. Es wird im weiteren Verlauf nicht im Detail erklärt, da zur Datenanalyse dieser Arbeit dieser Ansatz keine Anwendung findet. Alle Ansätze haben gemeinsam, dass eine mathematische Funktion

$$F(x) \rightarrow y$$

konstruiert bzw. erlernt werden muss. Die Ansätze unterscheiden sich dabei in den Mengen von X und Y und im Speziellen wie die Daten aussehen müssen, um die Funktion zu erlernen. Ein wesentliches Merkmal der hier dargestellten Funktionen ist, dass einem Element aus X genau ein Element aus Y zugeordnet wird. Durch Messfehler kann es jedoch vorkommen, dass in der Datenmenge für einen Wert von X mehrere

Aussagen über den Wert in Y vorliegen. Der Algorithmus muss daher robust gegen Messfehler sein. [FROC19]

Beim überwachten Lernen (supervised learning) wird dem Algorithmus eine hinreichend große Menge von Ein- und Ausgaben zur Verfügung gestellt, die bereits über den korrekten Funktionswert verfügen. Bei Datensätzen wird dies als gelabelte oder markierte Datensätze bezeichnet. In die Kategorie des überwachten Lernens fallen im Wesentlichen zwei Problemstellungen: die Regression und die Klassifikation. Die Zielmenge Y bei der Klassifikation ist dabei diskret, bei der Regression besteht die Zielmenge in der Regel aus einem kontinuierlichen Bereich. Wenn eine Markierung bzw. ein Labeling der Datensätze nicht möglich ist, können Techniken aus dem bestärkenden Lernen (reinforcement learning) verwendet werden. Die Grundidee ist hierbei, dass die Ergebnisse positiv oder negativ bewertet werden, wodurch der Algorithmus eine optimale Funktion für das Problem lernen soll. [HARR12]

Falls implizite Strukturen in unmarkierten Daten aus einer vorhandenen Datenmenge detektiert werden sollen, können Algorithmen des unüberwachten Lernens zum Einsatz kommen. Ziel ist es, Regelmäßigkeiten in den Eingabewerten zu finden. In der Statistik wird dies als Dichteschätzung bezeichnet. Eine Methode der Dichteschätzung ist das Clustern, bei der Gruppierungen der Eingabewerte zu finden sind. [GERO19]

2.4.2 Erläuterung relevanter Algorithmen des maschinellen Lernens

Explanation of relevant machine learning algorithms

In diesem Kapitel werden die im Rahmen dieser Arbeit verwendete Algorithmen des maschinellen Lernens vorgestellt. Abbildung 2.13 ordnet die Algorithmen den unterschiedlichen Ansätzen zu.

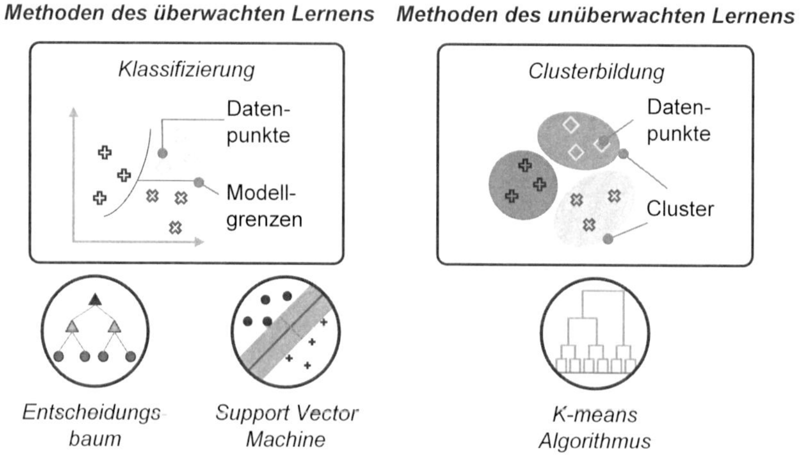

Abbildung 2.13: Auswahl an Methoden des maschinellen Lernens

A selection of machine learning methods

Im Folgenden werden im Zusammenhang des überwachten Lernens die Support Vector Machine sowie der Entscheidungsbaum (engl.: Random Forest) vorgestellt. Als Beispiel für einen Algorithmus des unüberwachten Lernens wird der k-means Algorithmus (auch bekannt als k-nearest neighbour Algorithmus) erläutert. Der Random Forest Algorithmus basiert auf mehreren unabhängigen Entscheidungsbäumen, die aus einer zufälligen Untermenge des Feature-Raums gebildet werden. Durch die Mehrheitsentscheidung der jeweiligen Entscheidungsbäume, wird ein neuer Punkt klassifiziert. Dabei wird für eine korrekte Funktion angenommen, dass die meisten Dimensionen des Feature-Raums zu einer korrekten Klassifizierung beitragen. [TINK95] Es handelt sich bei dieser Methode um eine leistungsfähige, nichtparametrische, statistische Methode, die es ermöglicht, Regressionsprobleme sowie Zwei- und Mehrklassen-Klassifikationsprobleme in einem einzigen und vielseitigen Rahmen zu analysieren. [RAO20] Wesentliche Vorteile von Entscheidungsbäumen sind ihre im Vergleich zu anderen Methoden gute Interpretierbarkeit sowie das einfache Ableiten von Entscheidungsregeln für die Anwendung. Die Güte der Aufteilung lässt sich im Fall eines Klassifikationsbaums mithilfe der Entropie bewerten. Für Regressionsbäume kann beispielweise der mittlere quadratische Fehler verwendet werden. [PIME18].

Die Support Vector Machines (deutsch: Stützvektormethode) lösen ein Optimierungsproblem im mehrdimensionalen Raum. Sie gehören aufgrund ihrer Robustheit und Generalisierungsfähigkeit zu den am häufigsten verwendeten Algorithmen des maschinellen Lernens. [WU08] Die Grundidee der Support Vector Machines (SVM) ist die Bestimmung einer Trennebene mit einer vergleichsweise geringen Anzahl von Modellparametern. Dadurch wird das Problem der Überanpassung (engl.: overfitting) deutlich reduziert. Zur Minimierung der Menge der Klassifizierungsfehler wird versucht einen möglichst großen Trennbereich zu erreichen. [OLSO08]

Modelle mit einer großen Anzahl von Parametern lernen ein Trainingsset fehlerfrei, weisen jedoch eine schlechtere Generalisierung auf. Dies macht die SVM beispielsweise im Gegensatz zu künstlichen neuronalen Netzen attraktiv. [SMOL04] Es stellt eine lineare Methode in einem hochdimensionalen Merkmalsraum dar, der wiederum nichtlinear mit dem Raum der Eingangsdaten verknüpft ist. Charakterisierend für die Methode ist weiterhin, dass komplexe Algorithmen für nichtlineare Klassifizierungsprobleme genutzt werden, die jedoch durch die Verwendung von Kernfunktionen als lineare Algorithmen angesehen und analysiert werden können. [SCHO98]

Als ein Beispiel des unüberwachten Lernens wird der sogenannte k-means Algorithmus erläutert. Der k-means Algorithmus gruppiert gegebene Daten in eine vorher definierte Anzahl von Clustern. Die Gruppierung wird anhand des Abstandes der jeweiligen Daten zum Clustermittelpunkt bestimmt. Dazu werden in einem ersten Schritt k Clusterzentren im Feature-Raum erzeugt. Alle Datenpunkte werden demjenigen Cluster zugeordnet, zu dessen Zentrum sie den kleinsten euklidischen Abstand haben. Die Clustermittelpunkte werden in einer darauffolgenden Iteration anhand ihrer zugewiesenen Punkte korrigiert. Diese beiden Schritte werden so oft wiederholt, bis die Position der Mittelpunkte konvergiert. [MARS15] Der Ablauf einer Iteration des k-means Algorithmus ist in Abbildung 2.14 dargestellt.

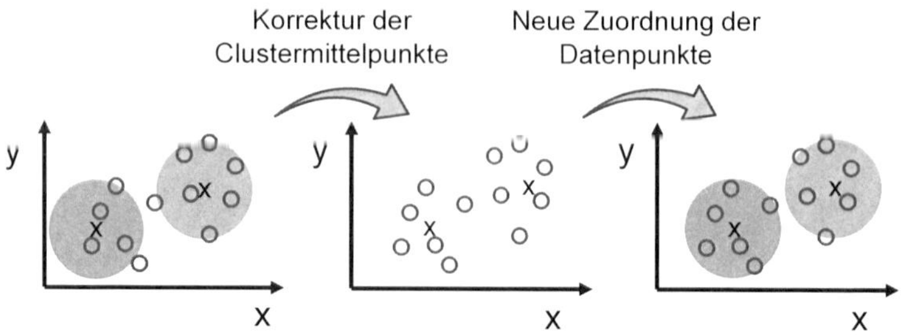

Abbildung 2.14: Ablauf einer Iteration des k-means Algorithmus

Sequence of an iteration of the k-means algorithm

Neben der Auswahl unterschiedlicher Algorithmen des maschinellen Lernens ist die Auswahl der extrahierten Kennwerte, mit denen die Algorithmen trainiert bzw. validiert werden und mit den Prozessbedingungen korrelieren von entscheidender Bedeutung. Die Grundlagen der Signalverarbeitung wurden bereits in Kapitel 2.3.3 detailliert beschrieben. Da es nicht möglich ist, a priori die entscheidenden Kennwerte, welche für eine bestimmte Anwendung effektiv sind, zu bestimmen, ist es zielführend zunächst die größtmögliche Anzahl an Kennwerten aus den aufgenommenen Signalen zu extrahieren. Durch eine nachfolgende Bewertung der Korrelation zwischen Kennwert und zu überwachender Prozessgröße erfolgt die Identifizierung der relevanten Kennwerte. [TETI22]

2.4.3 Aktuelle Arbeiten im Kontext der Zerspanung

Current works in the context of machining

Wie bereits zu Beginn von Kapitel 2.4 beschrieben, werden Ansätze des maschinellen Lernens einer immer größeren Bedeutung zugewiesen. So werden diese Ansätze genutzt um beispielsweise den Montageprozess zu analysieren und optimieren [FAVI20] oder um den gesamten Lebenszyklus eines Prozesses wirtschaftlich zu bewerten [LI20]. Uhlmann et al. nutzten Ansätze des maschinellen Lernens für eine dezentrale Datenanalyse auf der Grundlage intelligenter Sensornetze für die prädiktive Wartung von Werkzeugmaschinen [UHLM17].

Der Fokus in diesem Kapitel soll jedoch auf der Analyse von Fertigungsprozessen mit Hilfe von Ansätzen des maschinellen Lernens gelegt werden. Dabei wurden ebenfalls wissenschaftliche Arbeiten außerhalb des Gebietes der Zerspanung berücksichtigt. Durch die Produktion einer hohen Losgröße an geometrisch übereinstimmenden Bauteilen in kurzer Zeit, bietet der Feinschneidprozess hervorragende Eigenschaften zur Analyse des Werkzeugverschleißes mit Hilfe von Algorithmen des maschinellen Lernens. Die Untersuchungen zeigten, dass das aufgezeichnete Signal des Barkhausenrauschens verschiedener Werkstoffcoil-Segmente voneinander unterscheidbar waren und sich die Zeitreihen des Barkhausenrauschens mittels 2D-Transformation zu Rekurrenz-Plots coilübergreifend durch eine Deep-Learning Bilderkennungsarchitektur (ResNet-18) mit hoher Genauigkeit zum jeweiligen Coilsegment zuordnen ließen. Basierend auf diesen Arbeiten kann es in Zukunft möglich sein, Materialzustände zu klassifizieren, Prozesszustände zuzuordnen, durch die Anpassung des Prozesses den Ausschuss an fehlerhaften Bauteilen zu reduzieren sowie die Werkzeuglebensdauer zu erhöhen. [UNTE19]

Ein Trend hin zur Modellierung von Fertigungsprozessen mit Hilfe von rechnergestützten Ansätzen wie der Support Vector Machine (SVM) oder künstlichen neuronalen Netzen ist deutlich erkennbar. DERIS ET AL. stellen daher einen Überblick wissenschaftlicher Arbeiten im Kontext der Modellierung von Fertigungsprozessen unter der Zuhilfenahme der SVM zusammen. [DERI11] Dabei werden Zerspanprozessen im Hinblick auf den Werkzeugbruch [HSUE09] sowie bezogen auf die Oberflächenrauheit beim Fräs- [JIAN10] und beim Drehprozess [CAYD09] analysiert.

DENKENA ET AL. analysierten die Merkmalsauswahl beim Dreh- und Bohrprozess. Da die Merkmalsauswahl meist im Nachhinein des zu überwachenden Prozesses durchgeführt wird, können Korrelationen entstehen, die lediglich durch statistische Unregelmäßigkeiten im Prozess hervorgerufen wurden. Für eine Analyse wurden online Merkmale bei sich wiederholenden Bearbeitungsvorgängen quantifiziert. [DENK20]

Datengetriebene Modelle sind eine vielversprechende Methode, um das nichtlineare Verhalten der Vorschubachsen eines Bearbeitungszentrums zu erfassen. Beim Fräsprozess ist die Vorschubkraft kritisch für die Prozesssicherheit (z.B. Werkzeugbruch) und die Werkstückqualität (Abweichung des Werkzeugs) und kann nicht zur Lasten der Produktivität (hohe Vorschubgeschwindigkeit) reduziert werden. Daher haben AY ET AL. einen datengesteuerten Ansatz gewählt, welcher das nichtlineare dynamische Verhalten durch die Verwendung einer SVM identifiziert.

Eine modellprädiktive Regelung, welche das SVM-Modell verwendet, ist in der Lage, das Bearbeitungszentrum deutlich ruhiger und mit einer höheren Durchschnittsgeschwindigkeit zu betreiben, welches eine Reduzierung der Fertigungszeit um 15 % zur Folge hatte. [AY19] ARNOLD ET AL. entwickelten ebenfalls einen neuen Ansatz zur Bestimmung spezifischer Schnittkraftwerte für Prozessmodelle für den Fräsprozess unter Zuhilfenahme von künstlichen neuronalen Netzen. Durch die Nutzung der Verallgemeinerungsfähigkeit von künstlichen neuronalen Netzwerken war es möglich, spezifische Schnittkräfte mit hoher Genauigkeit für unbekannte Bearbeitungsfälle mit unterschiedlichen Prozessparametern zu bestimmen. [ARNO17]

Ein weiterer Ansatz ist die Verwendung von mehrschichtigen neuronalen Netzen (engl.: deep belief networks). Dabei werden deep belief Netzwerke verwendet, um einen Merkmalsraum für die Überwachung der Prozesszustände aufzubauen. Die Ergebnisse zeigen, dass die Deep-Learning-Methode eine ähnliche Fähigkeit zur Charakterisierung des Signals für die Überwachung der Prozesszustände wie die manuell definierten Features besitzt. [FU15] KARAM ET AL. entwickelten auf Basis künstlicher neuronaler Netze ein System, welches die Werkzeugstandzeit beim Drehprozess vorhersagt. Dabei wurden aus den aufgenommenen Kraft-, Vibrations- und Körperschallsignalen Merkmalsmuster gebildet und mit Sensordaten aus vorher durchgeführten Drehuntersuchungen gekoppelt. Das entwickelte kognitive System konnte im Folgenden zur Bewertung des Werkzeugzustandes verwendet werden. [KARA16]

DITTRICH untersuchte die Übertragbarkeit von Prozessmodellen auf neue Werkstückgeometrien beim Schaft- und Kugelkopffräsen [DITT20]. Dabei nutze er eine SVM zur Modellierung der Formabweichung in Abhängigkeit von den Eingriffsbedingungen. Zur Generierung eines werkstückunabhängigen Prozesswissens wurde zudem eine prozessparallele Materialabtragssimulation, gekoppelt an die Achsbewegungen der Werkzeugmaschine, verwendet. Zur Vervollständigung der Datenbasis wurde eine nachgeschaltete taktile Messung der bearbeiteten Oberfläche durchgeführt. Die Modellierung der Formabweichung erfolgt durch die Open-Source-Bibliothek LIBSVM. Es konnte gezeigt werden, dass sich bereits mit 10 Messpunkten an einem Werkstück eine Standardabweichung von unter 8 µm erzielen lässt. Insgesamt bewiesen die Untersuchungen, dass der maschinelle Algorithmus der SVM prinzipiell für die Modellierung des Formfehlers als Funktion der Eingriffsbedingungen auch bei geringer Größe des Trainingsdatensatzes geeignet ist.

Neuronale Netze lassen sich sowohl für Klassifikations- als auch für Regressionsaufgaben einsetzen und lassen sich zu den nichtparametrischen Schätzern zuordnen [ALPA08]. Sie bestehen aus mehreren miteinander verbunden einfachen Neuronen. Ein neuronales Netz, das nur über eine Schicht verfügt, kann lediglich lineare Funktionen approximieren. Zur Approximierung nichtlinearer Funktionen sind zusätzliche verborgene Zwischenschichten erforderlich. Wesentliche Vorteile neuronaler Netze sind die hohe Rechengeschwindigkeit sowie Robustheit, Generalisierbarkeit und die Fähigkeit der inkrementellen Anpassung bei Vorliegen neuer Datensätze [MONO96]. Höhere Rechenleistungen und die zunehmende Verfügbarkeit von Softwarepaketen hat in den vergangenen Jahren zu einer deutlichen Zunahme der Anzahl an Prozessmodellen auf Grundlage neuronaler Netze geführt. Insgesamt zeigt die Literatur viele Quellen zur Nutzung neuronaler Netze für die Analyse bzw. Untersuchungen des Drehprozess und dabei im Speziellen auf die Modellierung der Werkstückqualität als Überwachungsgröße ([GAIT11] [DADD11]). Zudem zeigen die Arbeiten von ABELLAN-NEBOT und SUBIRÓN [ABEL10], dass sich neuronale Netze insbesondere für die Modellierung der Rauheit und des Werkzeugverschleißes eignen. Eine Möglichkeit, die Prognosegüte neuronaler Netze zu steigern, ist das Einbeziehen gemessener Prozessgrößen [KOHL05]. Hierzu wird die erste Schicht des Netzes um Eingangsneuronen ergänzt, sodass Beschleunigungswerte oder Prozesskräfte mit in das Modell einbezogen werden.

Im Vergleich zu den bereits vorgestellten Algorithmen des maschinellen Lernens sind in der Literatur wenige Studien zum Einsatz von Entscheidungsbäumen zur Prozessmodellierung vorhanden, obwohl Entscheidungsbäume trotz ihrer einfachen Struktur nur geringfügig schlechtere Modellgüten als aufwendigere ML-Methoden erzielen. Ein Beispiel für den Einsatz von Entscheidungsbäumen zeigt die Studie von DENKENA ET

AL. [DENK19]. In dieser Studie werden sogenannte Gradient Boosted Trees (GBT) zur Modellierung der Rautiefe Rz beim Außenlängsdrehen verwendet. Hierzu wurden 1.000 Entscheidungsbäume mit maximal neun Entscheidungsebenen gekoppelt.

Das Ziel der Arbeiten von Caggiano war den Werkzeugzustand beim Trockendrehen von Ti-6Al-4V-Legierungen zu überwachen. Dabei wurden künstliche neuronale Netze verwendet, welche unterschiedliche Sensorsignale z.B. der Zerspankräfte oder des Körperschalls analysierte. Aus den erfassten Sensorsignalen wurden im Anschluss charakteristische Merkmale extrahiert. Um die Dimensionalität der sensorischen Merkmale zu reduzieren, wurde eine Methode zur Merkmalsextraktion auf der Grundlage der Hauptkomponentenanalyse durchgeführt. Indem künstliche neuronale Netze mit den aus der Hauptkomponentenanalyse erzeugten Merkmalen trainiert wurden, konnte eine Vorhersage des Werkzeugfreiflächenverschleißes beim Drehprozess erreicht werden. Die vorhergesagten Werte wiesen dabei eine geringe Abweichung zum gemessenen Werkzeugverschleißwertes auf. [CAGG19]

2.5 Fazit zum Stand der Erkenntnisse

Conclusion to the state of knowledge

Der Werkzeugverschleiß beeinflusst maßgeblich die Produktivität und Wirtschaftlichkeit eines Fertigungsprozesses und ist daher von hoher Bedeutung für die zerspanende Industrie. Aufgrund seiner stochastisch geprägten Ausbildung und der im Stand der Technik beschriebenen charakteristischen Eigenschaften des Bohrprozesses gibt es für die Industrie keinen zuverlässigen und universell einsetzbaren Ansatz zur Abschätzung des Verschleißzustandes. Dies führte in der Vergangenheit zu vielen Versuchen und Ansätzen, den Zustand des Werkzeugverschleißes während des Prozesses zu überwachen. Bestehende Lösungen basierend auf piezoelektrischen Sensoren sind in der Wissenschaft weit verbreitet und erzielen sehr gute Ergebnisse im Hinblick auf die Überwachung des Verschleißzustandes, schaffen jedoch nicht den Transfer in die industrielle Anwendung. Die geschilderten Vorteile der auf der Analyse von Körperschallsignalen beruhenden Messtechnik können dieses Defizit bewältigen. Durch die hohen Abtastraten und die damit einhergehenden großen Datenmengen ist eine manuelle Auswertung der Daten allerdings nicht realisierbar. Abhilfe kann hierbei die Verwendung von Ansätzen des maschinellen Lernens schaffen. Dargestellte Arbeiten in Bezug auf Fertigungsverfahren außerhalb der Zerspanung wie beispielsweise das Umformen oder das Schleifen zeigten bereits vielversprechende Ergebnisse. Diese Erkenntnisse wurden noch nicht auf den Bohrprozess übertragen.

Eine systematische Untersuchung unterschiedlicher Ansätze des maschinellen Lernens zur Bewertung der Eignung dieser Ansätze zur Bewertung des Verschleißzustandes beim Bohrprozess wurde ebenfalls noch nicht durchgeführt. Neben der Untersuchung zur Eignung unterschiedlicher Algorithmen auf den in dieser Arbeit beschrieben Fall wird zudem analysiert, welche Kennwerte aus dem Körperschallsignal extrahiert werden können und die beste Korrelation zum Verschleißzustand aufweisen. Der Gesamtverschleiß von Bohrwerkzeugen ergibt sich aus dem Zusammenwirken verschiedener Verschleißmechanismen sowie aus dem Verschleißzustand unterschiedlicher Schneiden, die sich in Ihrer Wirkung beeinflussen. Es liegen keine Erkenntnisse vor, welchen Einfluss der jeweilige Verschleißzustand der unterschiedlichen Schneiden auf das emittierte Körperschallsignal ausüben. Dieses wissenschaftliche Defizit gilt es, durch die in Kapitel 3 im Detail beschriebenen Forschungsfragen, zu lösen.

3 Zielsetzung und Vorgehensweise

Objective and Approach

Werkzeugverschleiß beeinflusst maßgeblich die Bauteilqualität und Prozessstabilität. Zerspanwerkzeuge werden oft vor Standzeitende ersetzt, da Unkenntnis über ihren Verschleißzustand herrscht. Kostenpotenziale werden somit nicht genutzt. Durch die im Stand der Technik aufgezeigten Vorteile bezüglich der industriellen Anwendbarkeit des Körperschallsensors im Vergleich zu bestehenden Sensorlösungen und der physikalischen Messgröße Körperschall ergeben sich neue Potenziale für die Prozessüberwachung. Vor dem Hintergrund aktuell erfolgreicher Forschungsaktivitäten im Gebiet der Datenvernetzung und Algorithmen des maschinellen Lernens wird diese Befähigung verstärkt, gleichzeitig entstehen dabei spezifische Forschungsdefizite.

Das Hauptforschungsdefizit ist, dass die Wirkzusammenhänge zwischen emittiertem Körperschallsignal und dem Zerspanprozess nicht bekannt sind. Die signifikanten körperschallbeeinflussenden Quellen sind dabei die elastische und plastische Deformation, die Reibwirkung sowie die Spanbildung. Diese Quellen werden jedoch zusätzlich vom sich kontinuierlich verändernden Verschleißzustand des Werkzeuges beeinflusst. Neben den erwähnten körperschallemittierenden Quellen wird das gemessene Körperschallrohsignal von den Eigenschaften der Strecke zwischen Zerspanzone und Messposition verändert. Diese wären beispielsweise der Abstand des Sensors zur Quelle, der Werkstoff, in dem sich der Schall ausbreitet, sowie die Schnittstellen in der Signalausbreitung.

Aus diesem erläutertem Defizit leitet sich die übergeordnete **Zielsetzung** dieser Arbeit ab: Eine empirisch-analytische Modellierung zur Vorhersage des zeitlich verändernden Werkzeugzustandes durch Messen von Körperschallsignalen und Auswertung mittels Algorithmen des maschinellen Lernens.

Basierend auf der beschriebenen wirtschaftlichen Problemstellung sowie auf den identifizierten wissenschaftlichen Defiziten, leitet sich für diese Dissertation die folgende **Forschungshypothese** ab:

> *Körperschallsignale korrelieren mit der Beanspruchung von Bohrwerkzeugen und erlauben eine quantitative Bewertung des sich zeitlich verändernden Verschleißzustandes.*

Zur Untersuchung dieser Forschungshypothese werden die folgenden vier Forschungsfragen in den folgenden Kapiteln dieser Arbeit untersucht:

Forschungsfrage 1: *Wie sind die relativen Veränderungen des Körperschallsignals, hervorgerufen durch einen veränderten Verschleißzustand des Werkzeuges, messbar?*

Forschungsfrage 2: *Welche Kennwerte des Körperschallsignals sind für eine Charakterisierung des Verschleißzustandes geeignet?*

Forschungsfrage 3: *Welche Algorithmen des maschinellen Lernens befähigen eine Abschätzung des Verschleißzustandes in Abhängigkeit von den gebildeten Kennwerten?*

Forschungsfrage 4: *Wie können die gewonnenen Erkenntnisse in ein verallgemeinertes Modell überführen werden?*

Als Forschungsansatz wird ein empirisch-analytischer Ansatz verfolgt. Die aufgezeigten Forschungsfragen werden mit einer induktiv deduktiven Methode bearbeitet. Die Forschungsmethode lässt sich in den formalwissenschaftlichen Rahmen der anwendungsorientierten Wissenschaften nach ULRICH einordnen [ULRI01]. Dabei ist ein anschließender deduktiver Schritt, welcher die gewonnenen Erkenntnisse zurück in die Praxis und somit auf die technische-wirtschaftliche Problemstellung transferiert, ein besonders charakteristisches Merkmal für die ausgewählte Forschungsmethodik. Der Ablauf des Forschungsprozesses dieser Arbeit ist in der Abbildung 3.1 dargestellt.

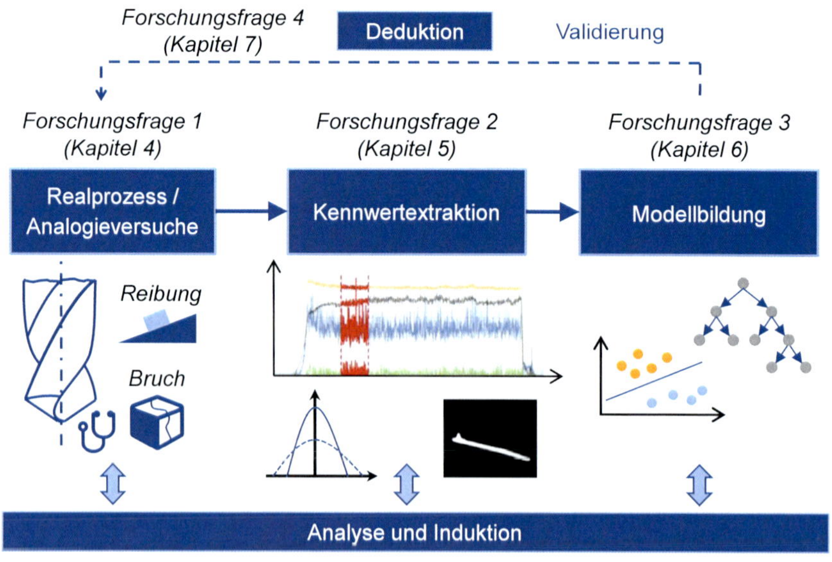

Abbildung 3.1: Systematische Vorgehensweise zur Verifizierung der Forschungshypothese

Systematic approach to verifying the research hypothesis

Im ersten Schritt werden in Kapitel 4 empirische Untersuchungen im Hinblick auf die Veränderung des Körperschallrohsignals in Abhängigkeit von dem Verschleißzustand des Werkzeuges durchgeführt. Hierbei werden Bohrprozesse zur Herstellung von Sacklochbohrungen sowie Analogieversuche durchgeführt. Mit Hilfe der Analogieversuche sollen die möglichen Einflussgrößen auf das Körperschallrohsignal identifiziert und analysiert werden. Die aus diesen Versuchen gewonnenen Erkenntnisse werden für die Entwicklung und Durchführung eines Versuchsaufbaus zur systematischen Untersuchung des Einflusses des Verschleißzustandes des Werkzeuges auf das Körperschallsignal, losgelöst von möglichen Störgrößen wie beispielsweise eines Aufpralls von Spänen auf das Werkstück oder auf den Sensor, verwendet.

An die empirischen Untersuchungen schließt sich nachfolgend in Kapitel 5 die Analyse der Körperschallrohsignale und damit die Adressierung der zweiten Forschungsfrage an. Größte Bedeutung wird dabei der Bildung von Kennwerten aus dem Körperschallrohsignal, die für eine Charakterisierung des Verschleißzustandes des Werkzeugs geeignet sind, beigemessen. Die automatisierte Erfassung bzw. Bestimmung des Verschleißzustandes ist in diesem Kontext eine große Herausforderung.

Aufbauend auf Kapitel 5 werden in Kapitel 6 unterschiedliche Algorithmen des maschinellen Lernens diskutiert und auf die Eignung zur Abschätzung des Verschleißzustandes des Werkzeuges mit Hilfe der gebildeten Kennwerte überprüft. Ausgehend von spezifischen empirischen Untersuchungen in den jeweiligen Anwendungskontexten werden in Kapitel 4 bis 6 abstrahierende allgemeine Zusammenhänge abgeleitet.

In Kapitel 7 werden vorwiegend deduktive Vorgehensweisen angewandt, um die Fragestellung, wie die gewonnenen Erkenntnisse in ein verallgemeinertes empirisch-analytisches Modell überführt werden können, zu thematisieren. Durch weitere Bohruntersuchungen soll die praktische Anwendbarkeit des Modells überprüft werden. Nach der Beantwortung aller Forschungsfragen wird die aufgestellte Forschungshypothese verifiziert oder falsifiziert. Die Arbeit schließt mit einer Zusammenfassung der gewonnenen Erkenntnisse und einer kritischen Reflexion. Es wird ein Ausblick auf die neu entstandenen Fragestellungen im Zusammenhang mit der Prozessüberwachung mit Hilfe der Körperschallsensorik gegeben.

4 Modellierung des Übertragungsverhaltens von Körperschallsensoren

Modeling of the transmission behavior of the acoustic emission sensor

Für eine Vorhersage des Verschleißzustandes des Bohrwerkzeuges basierend auf Körperschallsignalen gilt es zunächst das Verhalten des aufgezeichneten Körperschallsignales zu analysieren. Der beim Bohrprozess emittierte Körperschall unterliegt einer Vielzahl von Einflussgrößen. In Abhängigkeit von spezifischen Versuchsbedingungen kann das vom Körperschallsensor gemessene Rohsignal stark variieren. Randbedingungen wie die Messposition des Sensors oder die Art der Werkstückhalterung können sowohl absolute als auch relative Eigenschaften des Messsignals beeinflussen. Wie im Stand der Technik erläutert, fehlen allgemeingültige Erkenntnisse und Modelle dieser Abhängigkeiten. Um die Validationsgüte und die Übertragbarkeit der für diese Arbeit durchgeführten Experimente bewerten zu können, wurde ein empirisch-analytisches Modell des Übertragungsverhaltens für den spezifischen Messaufbau abgeleitet.

4.1 Experimentelle Analyse des Reibeinflusses auf der Freifläche auf das emittierte Körperschallsignal

Experimental analysis of the influence of friction at the clearance face on the emitted acoustic emission signal

Im Stand der Technik wurden unterschiedliche Einflussfaktoren, die das Körperschallsignal beeinflussen können diskutiert. Um den relativen Einfluss des Verschleißverhaltens des Bohrwerkzeuges auf das gemessene Körperschallsignal zu analysieren und modellieren, wurde zunächst der Einfluss der Reibung durch den Freiflächenverschleiß untersucht. Dieser kann - für die in dieser Arbeit untersuchten Randbedingungen beim Bohrprozess - als maßgebliche Verschleißart definiert werden. Dies gilt ebenfalls für alle Bohrprozesse in der Praxis, welche im stabilen Prozessbereich betrieben werden.

Der Freiflächenverschleiß des Bohrers wirkt sich auf den Prozess hauptsächlich durch veränderte Reibbedingungen im Werkzeug-Werkstück Kontakt aus. Elasto-plastische Verformungen an der sekundären Deformationszone und Stick-Slip-Effekte können ebenfalls den emittierten Körperschall beeinflussen. Für diese Versuchsreihe wird jedoch angenommen, dass diese Effekte gegenüber der Veränderung der Reibbedingungen vernachlässigbar sind, da die Versuchsparameter bzw. Versuchsbedingungen so gewählt wurden, dass die Auftretenswahrscheinlichkeit dieser Effekte minimiert wurde. Um den Einfluss des Freiflächenverschleißes auf das Körperschallsignal bewerten zu können, wurde ein spezieller Versuchsaufbau entwickelt. Der Versuchsaufbau ist in Abbildung 4.1 dargestellt.

Dabei wurde der Bohrprozess entgegengesetzt der eigentlichen Schnittrichtung mit einer definierten Kraft in einer an die Bohrergeometrie angepassten Sacklochbohrung durchgeführt. Das Bohrwerkzeug entfernte bei der Versuchsdurchführung kein Material vom Werkstück. Die Sacklochbohrung ist in Abbildung 4.1 auf der rechten Seite dargestellt. Durch die speziell an den Bohrer angepasste Geometrie der Sacklochbohrung wird der Eingriff von Querschneiden und Nebenschneiden weitestgehend eliminiert. Für eine bessere Vergleichbarkeit der Ergebnisse wurde eine statische Kraft in Vorschubrichtung der Bohrer für die Reibversuche eingestellt.

Die verwendeten zweischneidigen Hartmetallbohrer hatten einen Durchmesser von d = 8,2 mm. Die Versuchsreihe wurde auf einem 5-Achs-Bearbeitungszentrum vom Typ DMG Mori HSC 75 linear durchgeführt. Zur Erfassung des Körperschallsignals wurde ein Sensor vom Typ Kistler 8152A eingesetzt. Ein Ladungsverstärker (Kistler 5025A1) verstärkte und filterte das aufgezeichnete Signal.

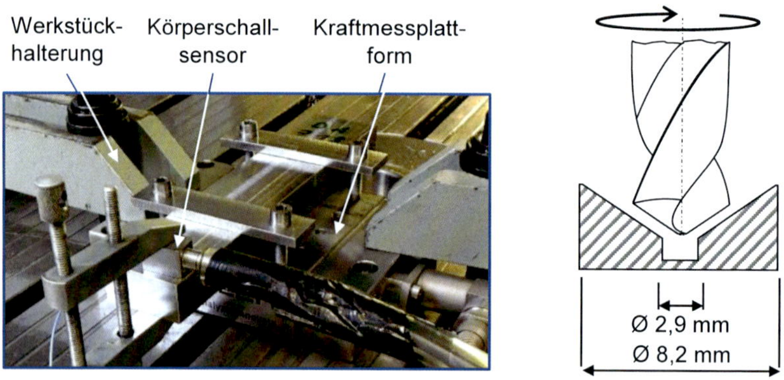

Abbildung 4.1: Versuchsaufbau zur Durchführung der Reibversuche

Experimental setup friction tests

Zur Messung der Vorschubkraft wurde eine Mehrkomponentenkraftmessplattform (Kistler 9129AA), mit einem Mehrkanalladungsverstärker, Typ Kistler 5070A, verwendet. Von einem definierten Startpunkt aus wurde das Werkzeug in Vorschubrichtung bis zum Kontakt zwischen Werkzeug und Werkstück geführt. Mittels der verwendeten Kraftmessplattform wurde sichergestellt, dass die Vorschubkraft konstant blieb. Während der Versuchsreihe wurden zwei verschiedene Werkstoffe (eine Nickelbasislegierung vom Typ DA718 und ein Vergütungsstahl C45) sowie drei verschiedene Rotationsgeschwindigkeiten v_c = 10 m/min; v_c = 25 m/min; v_c = 40 m/min als Reibparameter verwendet. Der Verschleißzustand der verwendeten Bohrer wurde durch vorher durchgeführte Zerspanversuche erzeugt, zu Beginn optisch gemessen und in Kategorien eingestuft.

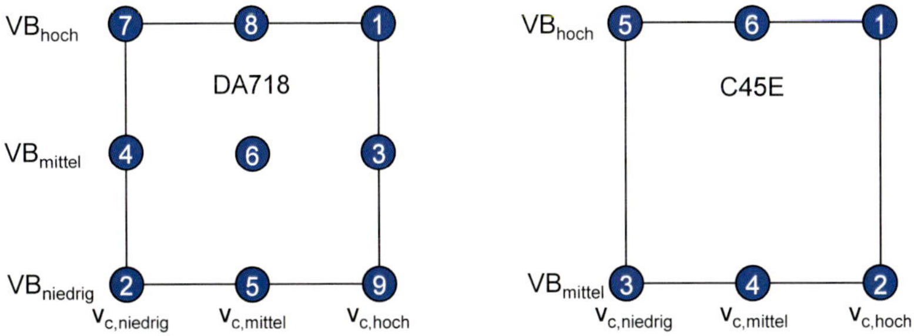

Abbildung 4.2: Versuchsplan der Reibversuche

Experimental plan of the friction tests

Darüber hinaus wurden die Versuche mit DA718 mit drei verschiedenen Verschleißgruppen durchgeführt: $VB_{niedrig}$ = 0 - 40 µm; VB_{mittel} = 40 - 70 µm; VB_{hoch} = 70 - 100 µm. Die Reibversuche mit C45E wurden mit zwei verschiedenen Verschleißgruppen durchgeführt: $VB_{niedrig}$ = 40 - 70 µm und VB_{hoch}= 70 - 100 µm. Der Versuchsplan für beide Werkstoffe ist in Abbildung 4.2 dargestellt. Die Reihenfolge der Parameterkombinationen während der Versuchsdurchführung wurde zum Ausschluss systematischer Fehler zufällig variiert. Die Reihenfolge der Parameterkombinationen kann ebenfalls der Abbildung 4.2 entnommen werden. Ziel war die Überprüfung der Eignung, ob ein Algorithmus des maschinellen Lernens in der Lage ist, nur anhand der Körperschallsignale die Datensätze den jeweiligen Klassen der unterschiedlichen Versuchsparametern korrekt zuzuordnen. Diese würde einen signifikanten Einfluss der Reibung, hervorgerufen durch die jeweiligen maximalen Verschleißmarkenbreiten VB_{max} der Bohrwerkzeuge, auf das Körperschallsignal belegen.

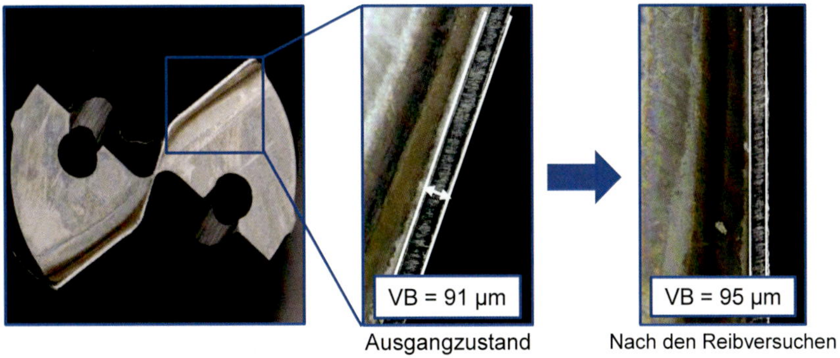

Abbildung 4.3: Bestimmung der Verschleißmarkenbreite VB vor und nach den Reibversuchen

Flank wear determination VB before and after friction tests

Zur Überprüfung der Annahme konstanter Versuchsbedingungen wurde im Ausgangszustand sowie im Anschluss an die Reibversuche die Verschleißmarkenbreite VB gemessen. Dies ist in Abbildung 4.3 dargestellt. Alle eingesetzten Werkzeuge wiesen nach den Reibversuchen lediglich einen geringen Anstieg der Verschleißmarkenbreite auf. Der durchschnittliche Anstieg der Verschleißmarkenbreite betrug dabei weniger als 5 % bezogen auf den Ausgangszustand. Dies bestätigt die Annahme nahezu konstanter Versuchsbedingungen während der experimentellen Durchführung.

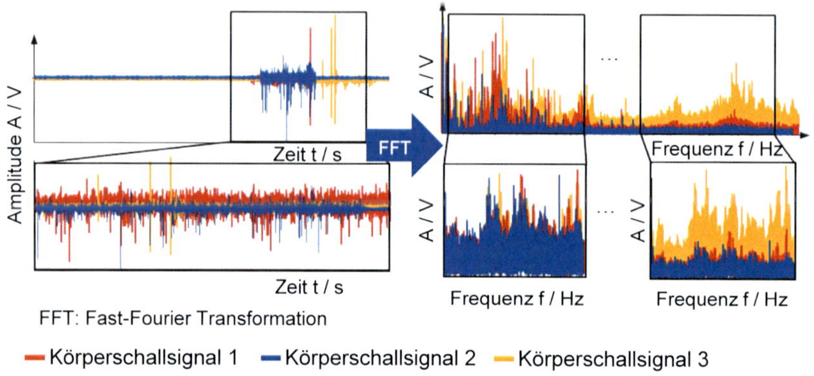

Abbildung 4.4: Datenaufbereitung Reibversuche

Data preparation friction tests

Das Vorgehen der Datenanalyse ist in Abbildung 4.4 anhand von aufgezeichneten Körperschallsignalen beschrieben. Dabei wurden definierte Zeitintervalle der aufgezeichneten Körperschallrohsignale untersucht. Diese Intervalle sind diejenigen Zeiten, bei denen der Bohrer im Kontakt mit dem Werkstück war. Die Extraktion der relevanten Zeitintervalle ist im linken Bereich der Abbildung 4.4 dargestellt. Im Anschluss erfolgt mittels der Fast-Fourier-Transformation die Transformation der Signale vom Zeitbereich in den Frequenzbereich. Zur weiteren Analyse wurde das Gesamtspektrum des Signals in definierte Frequenzsegmente mit einer Bandbreite von 50 kHz zerteilt. Der Hauptgrund für die Zerteilung des Frequenzspektrums war, dass dadurch eine Analyse des Einflusses der Reibeffekte auf die unterschiedlichen Frequenzbänder ermöglicht wurde. Zudem wurde die benötigte Rechendauer deutlich reduziert.

Die Frequenzsegmente wurden mittels des Support Vector Machine (SVM) Algorithmus ausgewertet. Wie im Kapitel Stand der Technik erläutert, wird bei diesem Algorithmus eine zu definierende Teilmenge der Daten zum Erlernen von charakteristischen Mustern genutzt. Auf Basis dieser Muster wird dann eine Korrelation mit der Restdatenmenge durchgeführt. Um eine korrekte Zuordnung gewährleisten zu können, wurden 80 % der Daten zum Training verwendet. Die restlichen 20 % wurden zur Validierung genutzt. Für den Algorithmus ist, neben der Anzahl der Trainingsdaten, die Art der gewählten Kernelfunktion von Bedeutung. Für die hier analysierten Daten wurde eine lineare Kernelfunktion gewählt. Diese Bedingungen waren für die Analyse des Freiflächenverschleißes zielführend.

In der Tabelle 4.1 sind die Erkennungsraten der Validierungsdaten in die jeweiligen Frequenzsegmente aufgelistet. Die eingestellte Schnittgeschwindigkeit war für die ausgewählten Daten konstant mit v_c = 40 m/min. Für den hier dargestellten Fall konnten für den Frequenzbereich f = 150 – 250 kHz alle Validierungsdaten den zwei Verschleißklassen korrekt zugeordnet werden. Für die durchgeführten Versuche war demnach der Einfluss des Freiflächenverschleißes auf das gemessene Körperschallsignal in diesem Frequenzbereich am besten zu detektieren.

Tabelle 4.1: Erkennungsrate der Reibversuche mit dem Werkestoff C45E

Detection rate of the friction tests with the material C45E

Parameter		Erkennungsrate				
VB	v_c	0 - 100 kHz	100 - 150 kHz	150 - 250 kHz	250 - 450 kHz	450 - 500 kHz
Hoch	40 m/min	100 %	100 %	100 %	100 %	100 %
Niedrig	40 m/min	33 %	67 %	100 %	33 %	67 %
		Durchschnittswert				
		67 %	*84 %*	*100 %*	*67 %*	*84 %*

Als Ergebnis der Signalanalysen lässt sich zusammenfassen, dass die untersuchten Reibparameter eine Veränderung im Frequenzspektrum bewirken. Den größten Einfluss auf das emittierte Körperschallsignal wies der Werkstoff auf. Bereits im Frequenzspektrum konnte ein signifikanter Unterschied wahrgenommen werden. Des Weiteren war es unter der Verwendung der eingesetzten Algorithmen möglich, die Signale den beiden Klassen (DA718 und C45E) korrekt zuzuordnen. Das Hauptziel der Untersuchungen war es den Einfluss des Freiflächenverschleiß auf das aufgezeichnete Körperschallsignal zu analysieren. Dieses hier diskutierte Versuchsergebnis unter Anwendung des SVM Algorithmus soll keinen Anspruch auf Allgemeingültigkeit erheben, jedoch zeigt es, dass der Verschleißzustand eines Bohrwerkzeuges einen wesentlichen Einfluss auf das emittierte Körperschallsignal hat.

4.2 Analyse des Einflusses des Verschleißzustandes beim Bohren

Analysis of the influence of the wear condition during drilling

In der vorrangegangenen Versuchsreihe wurde eine erste Abschätzung des Einflusses des Verschleißzustandes des Werkzeuges auf das Körperschallsignal anhand von Reibversuchen durchgeführt. Die folgenden Untersuchungen und die daraus abgeleiteten Erkenntnisse wurden am realen Bohrprozess und nicht aus einem Analogieversuch abgeleitet.

Das Ziel einer weiteren Versuchsreihe war es, den Einfluss eines definierten Verschleißzustandes von Bohrwerkzeugen auf das Körperschallsignal zu untersuchen. An dem Bohrer wurden dazu vor der eigentlichen Versuchsdurchführung kontrolliert Verschleißmarken auf einem definierten Zustand angebracht. Auf Grund von Toleranzen, beispielsweise durch leicht abweichende Schneidkantenverrundungen oder des Rundlauffehlers der jeweiligen Bohrwerkzeuge, wurden die Körperschallsignale bereits so beeinflusst, dass eine eindeutige Klassifizierung der Daten vom Verschleißzustand nicht mehr möglich war. Um diese Einflüsse im realen Bohrprozess zu eliminieren, war es notwendig die Bohrer von einem unverschlissenen Zustand bis in den verschlissenen Zustand systematisch zu überführen. Zusätzlich zu den Körperschallsignalen wurde in definierten Intervallen, jeweils nach fünf Bohrungen, der Verschleißzustand des Werkzeuges bestimmt.

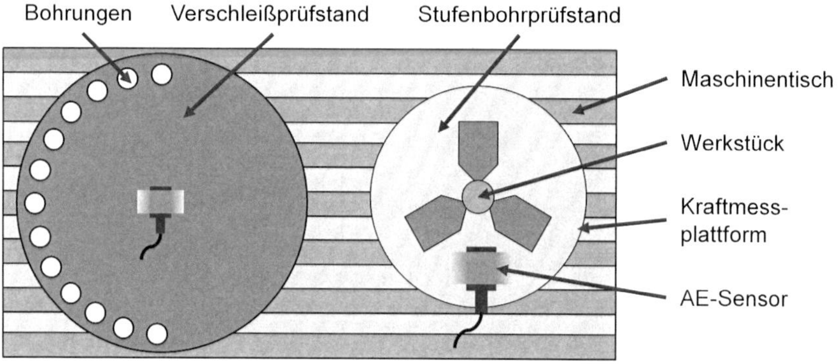

Abbildung 4.5: Schematische Darstellung des Versuchsaufbau

Schematic representation of the experimental setup

Zu diesem Zweck wurde ein Versuchsaufbau entwickelt, mit dem es möglich war unterschiedliche Verschleißzustände des Bohrers systematisch zu untersuchen. In Abbildung 4.5 ist eine schematische Darstellung des Versuchsaufbaus gezeigt. Der Versuchsaufbau bestand aus zwei Teilen. Im ersten Teil (linke Seite der Abbildung 4.5) wird der Bohrer durch eine Vielzahl von Sacklochbohrungen vom unverschlissenen in den verschlissenen Werkzeugzustand überführt. In der Mitte des Werkstücks ist ein Körperschallsensor angebracht. Als Werkstück wurde hierbei eine Scheibe mit dem Durchmesser D = 500 mm und einer Dicke von s = 60 mm verwendet. Das Werkstückmaterial war C45E. Durch die Wahl eines hohen Verhältnisses von Bohrungsdurchmesser zu den Abständen zwischen den Bohrungen wurde dabei versucht, Wechselwirkungen bedingt durch die Bohrungspositionen zueinander zu minimieren. Ein kreisförmiges Werkstück hat zudem den Vorteil, dass Reflexionen mit der Seitenwand unabhängig von der Bohrlochposition sind. Bei einem rechteckigen Werkstück können die Signale während eines Bohrvorgangs, der sich näher an einer Ecke befindet, durch an der Werkstückseite reflektierte Signale überlagern und dadurch beeinflusst werden. Diese Reflexionen werden durch den Einsatz einer Scheibe reduziert. Die Bohrungen wurden in kreisförmiger Anordnung, wie in Abbildung 4.5 dargestellt, ausgeführt. Auf den rechts in Abbildung 4.5 dargestellten Stufenbohrprozess wird im Folgenden genauer eingegangen.

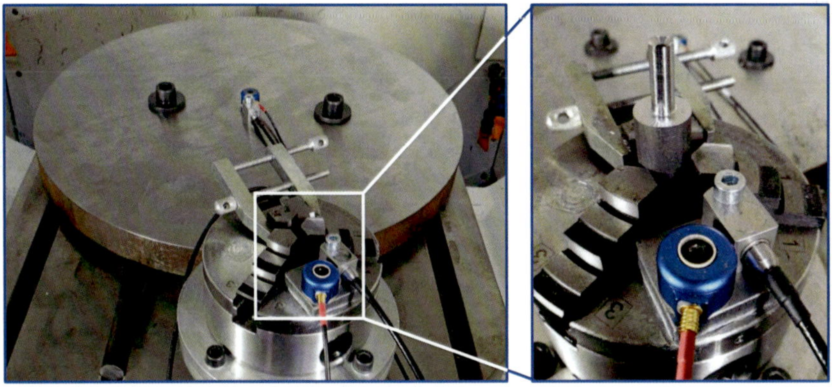

Abbildung 4.6: Realer Versuchsaufbau

Real experimental setup

Abbildung 4.6 zeigt den realen Versuchsaufbau. Im zweiten Teil des Versuchsaufbaus wurde ein Stufenbohrprozess durchgeführt. Durch die spezifische Geometrie des Werkstückes ist es beim Stufenbohrprozess möglich, Vorschubkräfte und Drehmomente nacheinander für die Haupt-, Quer- und Nebenschneide zu analysieren. Dies erlaubt eine separate Betrachtung des Einflusses des Verschleißzustandes der jeweiligen Schneiden auf den Prozess. Die unterschiedlichen Stufen des Prozesses sind in Abbildung 4.7 dargestellt. Die Werkstücke weisen zwei zylindrische Absätze sowie eine Pilotlochbohrung im ersten Absatz auf. Die Durchmesser sind an die geometrischen Eigenschaften des verwendeten Bohrers angepasst. Das Werkstück wurde mittels eines Dreibackenspannfutters eingespannt. Für beide Prüfstände war das verwendete Material der Werkstücke C45E.

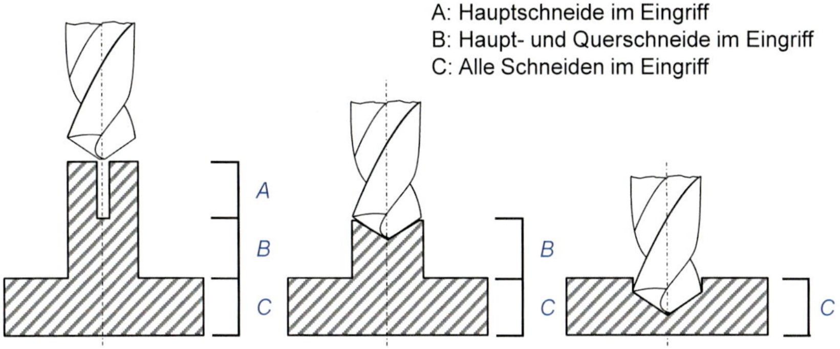

Abbildung 4.7: Schematische Darstellung des Stufenbohrprozesses [RISS06]

Schematic representation of the step drilling process [RISS06]

Durch die Pilotlochbohrung im ersten Absatz (A) ist von dem Bohrer nur die Hauptschneide im Eingriff. Da der Durchmesser des ersten Absatzes kleiner als der Bohrerdurchmesser ist, sind im Abschnitt B die Haupt- und Querschneide im Eingriff. In Abschnitt C sind alle Schneiden des Bohrers im Eingriff. Dieser Abschnitt entspricht dem Bohren ins Volle. Die Vorlochbohrung und das Fräsen des Absatzes der Werkstücke sowie der eigentliche Stufenbohrprozess wurden in einer Aufspannung durchgeführt. Dies führte zu einer Vermeidung eines weiteren Spannvorgangs, welches die Zentrizität des Bohrers zur Vorbohrung gewährleistete. [RISS06]

Das Dreibackenspannfutter wurde auf einer Bohrkraftmessplattform vom Typ 9271A der Firma Kistler montiert. Zusätzlich wurden zwei Körperschallsensoren sowie ein Sensor des QASS Optimizer 4D Systems auf dem Dreibackenspannfutter angebracht. Das QASS Optimizer 4D System basiert ebenfalls auf der Detektion des Körperschalls. Die gemessenen Daten wurden in Echtzeit dreidimensional dargestellt. Dabei bilden die Zeit, die Frequenz sowie die Intensität des Signals den dreidimensionalen Raum.

Ein Körperschallsensor wurde zwischen den Spannbacken, der zweite Körperschallsensor direkt an einer Spannbacke mittels Klemme befestigt. Durch die Wahl zweier unterschiedlicher Positionen der verwendeten Körperschallsensoren konnte zudem der Schnittstelleneinfluss auf das aufgenommene Signal analysiert werden. Die Daten der Körperschallsensoren wurden im Nachgang mit den aufgezeichneten Messdaten der Kraftmessplattform synchronisiert, so dass eine exakte Analyse des Einflusses der unterschiedlichen Schneideneingriffe sowie der Verschleißzustände auf das Körperschallsignal erfolgen konnte.

Während der Durchführung der Versuche traten jedoch Probleme auf, die in Abbildung 4.8 dargestellt sind. Das erste Problem bezog sich auf die Spanbildung. Durch die Verwendung unbeschichteter Bohrwerkzeuge sollte ein Einfluss des Abplatzens der Beschichtung auf das Körperschallsignal vermieden werden. Aufgrund der Tatsache, dass die Versuche ohne den Einsatz von Kühlschmierstoff durchgeführt wurden, entstanden in der Zerspanzone sehr hohe Temperaturen, die zu einer Aufschmelzung des Werkstoffes führten. Eine Kühlschmierstoffzufuhr in die Zerspanzone hätte einen weiteren Einfluss auf das Körperschallsignal zur Folge gehabt. Das aufgeschmolzene Material blockierten die Spannuten des Bohrers. Dadurch konnten die Späne nicht abtransportierten werden, was zu einem Bruch des Bohrers führte. Ein solcher abgebrochener Bohrer inklusive aufgeschmolzenem Werkstückmaterial ist auf der linken Seite der Abbildung 4.8 gezeigt.

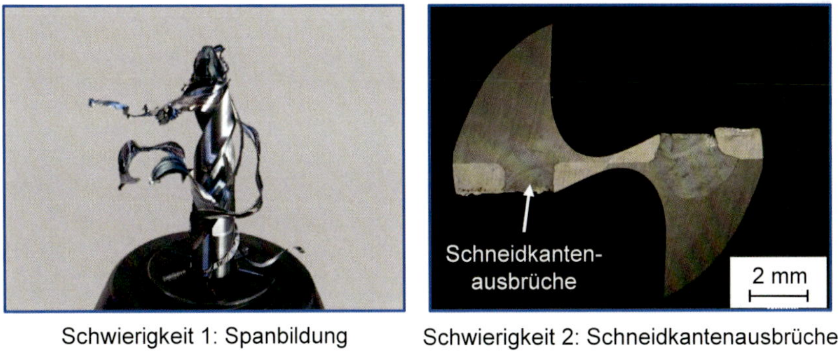

Abbildung 4.8: Schwierigkeiten bei der Versuchsdurchführung

Experimental difficulties

Aufgrund dieser Anomalien war es notwendig während der Versuchsreihe beschichtete Bohrer zu verwenden. Ein weiteres Problem trat beim Stufenbohrprozess auf. Wie in der rechten Hälfte der Abbildung 4.8 erkennbar ist, entstanden beim Eintritt der Hauptschneide in den ersten Abschnitt (Abschnitt A) des Werkstückes Schneidkantenausbrüche. Selbst bei einer Reduzierung des Vorschubs bzw. der Schnittgeschwindigkeit konnten die Schneidkantenausbrüche nicht eliminiert werden. Da das Ziel des Stufenbohrprozesses die Analyse des Einflusses des Verschleißzustandes der unterschiedlichen Schneiden auf das emittierte Körperschallsignal war, war dies durch das gezeigte Problem nicht mehr möglich zu untersuchen. Durch den zweigeteilten Versuchsaufbau konnte jedoch bei beschichteten Bohrern der Einfluss des Verschleißzustandes auf das Körperschallsignal bei Sacklochbohrungen analysiert werden. Die Ergebnisse werden im Folgenden diskutiert.

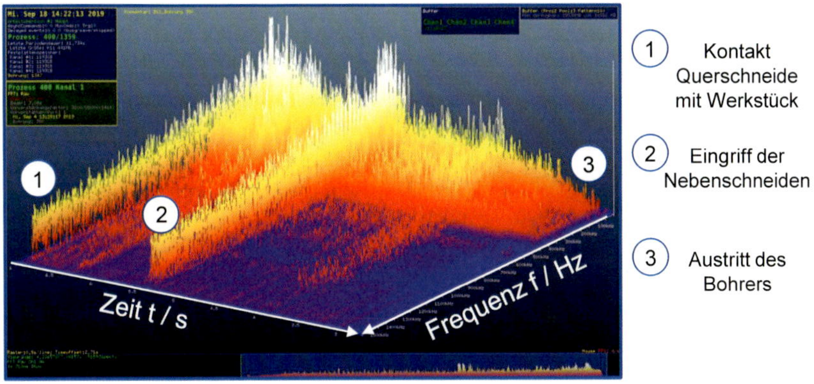

Abbildung 4.9: Aufgezeichnetes Signal des QASS Optimizer 4D Systems eines gesamten Bohrprozesses

Recorded signal of the QASS Optimizer 4D system of a whole borehole

In Abbildung 4.9 ist das aufgezeichnete Signal des QASS Optimizer 4D Systems einer ganzen Bohrung dargestellt. Für die Erstellung dieses Diagramms wurden pro Sekunde 25.000 Fast Fourier Transformationen durchgeführt. Die Bohrzeit betrug t = 3 s. Auf der Frequenzachse sind die Frequenzen im Intervall von f = 0 Hz bis f = 1500 kHz aufgetragen. In dem dargestellten Diagramm lassen sich drei für den Bohrprozess besonders charakteristische Zeitpunkte des Prozesses erkennen. Der erste charakteristische Zeitpunkt ist dem Beginn des Prozesses beim Kontakt der Querschneide mit dem Werkstück zuzuordnen. Frequenzen im gesamten Intervall zwischen f = 0 Hz bis f = 1500 kHz werden dabei angeregt. Die Amplitude der Intensität nimmt in Richtung höherer Frequenzen leicht ab. Der zweite im Gesamtsignal markante Zustand kann dem Eingriff der Nebenschneiden in das Werkstück zugeordnet werden. Dieser Zustand kennzeichnet sich, ähnlich dem ersten beschriebenen Zeitpunkt, durch eine Anregung von Frequenzen im gesamten aufgezeichneten Signal sowie eine hohe Intensität über den gesamten Frequenzbereich aus. Zwischen den beschrieben Zeitpunkten können ebenfalls Frequenzanregungen in höheren Bereichen des Frequenzintervalls detektiert werden. Diese lassen sich dem kontinuierlichen Anstieg der Hauptschneiden im Werkstoff zuordnen. Nach dem Eingriff der Nebenschneiden in das Werkstück folgt ein nahezu konstanter Prozesszustand. Die zum Ende des Prozesses abfallenden Intensitäten der angeregten Frequenzen lassen sich dem dritten markanten Prozesszeitpunkt zuweisen. Dies ist der Austritt des Bohrers aus dem Werkstück.

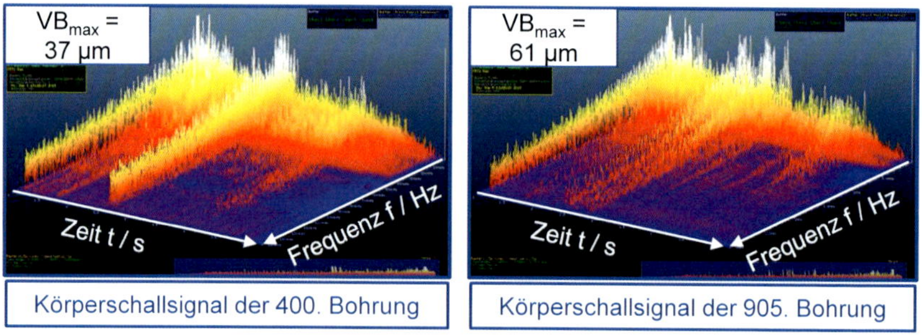

Abbildung 4.10: Vergleich aufgezeichneter Signale der 400. und 905. Bohrung

Comparison of recorded signals from the 400th and 905th boreholes

Ziel der Versuche war es, Unterschiede in den angeregten Frequenzbereichen in Abhängigkeit vom Verschleißzustand des Bohrwerkzeuges zu untersuchen. Besonders anschaulich lässt sich der Einfluss des Verschleißzustandes des Bohrers darstellen, wenn Signale von zwei Bohrungen gegenübergestellt werden. In Abbildung 4.10 sind die aufgezeichneten Signale der 400. Bohrung und der 905. Bohrung eines Werkzeugs dargestellt. Die maximale Verschleißmarkenbreite betrug an der Hauptschneide 1 nach der 400. Bohrung VB_{max} = 37 µm und nach der 905. Bohrung VB_{max} = 61 µm. Die maximale Verschleißmarkenbreite der 2. Hauptschneide wies einen ähnlichen Verschleißzustand auf. Die Aufnahmen der Hauptschneide 1 zur Bestimmung der maximalen Verschleißmarkenbreite mittels des Keyence VHX 6000 Messmikroskopes sind in Abbildung 4.11 dargestellt.

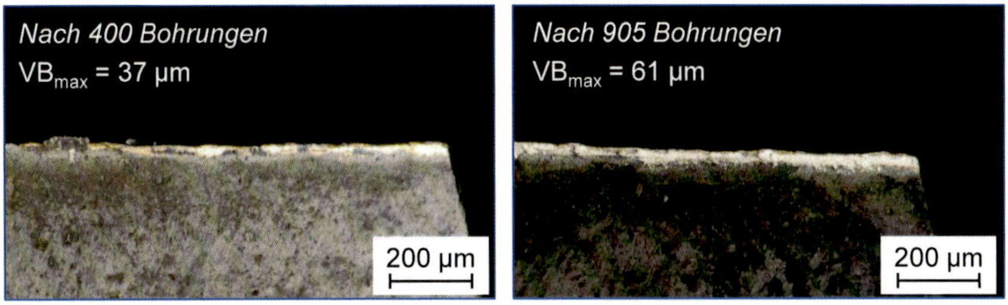

Abbildung 4.11: Bestimmung der maximalen Verschleißmarkenbreite

Determination of the maximum width of flank wear land

Der größte Unterschied der beiden dargestellten Signale ist im Bereich des Eintritts der Nebenschneiden in das Werkstück identifizierbar. Die angeregten Frequenzen während der 905. Bohrung treten im Vergleich zu den angeregten Frequenzen während der 400. Bohrung über einen deutlich längeren Zeitraum in einem höheren Bereich des Frequenzspektrums auf. Die Intensität der Amplitude ist hier signifikant gesunken. Dies lässt sich durch die höhere Verschleißmarkenbreite speziell am äußersten Bereich der Hauptschneiden des Bohrers begründen. Ebenfalls beim Austritt des Bohrers aus dem Werkstück ist ersichtlich, dass ein deutlich geringeres Frequenzspektrum mit kleineren Amplituden der Intensität mit steigender maximaler Verschleißmarkenbreite angeregt wird. Dies kann durch die reduzierte Reibung der Schneidecken an der Bohrinnenwand begründet werden.

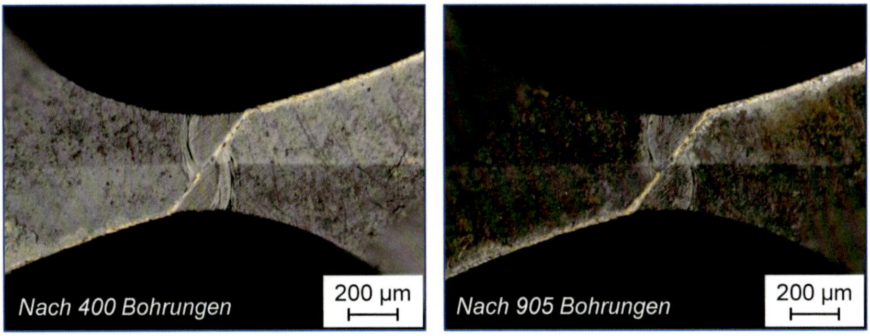

Abbildung 4.12: Verschleißzustand Querschneiden

Wear condition of chissel edges

Bei genauer Untersuchung der aufgenommenen Signale fällt auf, dass das Signal der 400. Bohrungen bei Eintritt der Querschneiden in das Werkstück mit dem Signal der 905. Bohrung nahezu keine Unterschiedlichkeiten bezogen auf die detektierten Frequenzen aufweist. Das angeregte Frequenzspektrum sowie die Amplitude der Intensität im Bereich des Querschneideneingriffs ist nahezu identisch. Dies lässt auf einen geringen Verschleiß der Querschneiden bzw. auf einen konstanten Verschleißzustand zwischen der 400. und der 905. Bohrung schließen. Abbildung 4.12 zeigt den Verschleißzustand der Querschneiden des eingesetzten Bohrers nach 400 und 905 Bohrungen. Beide Zustände weisen einen identischen Verschleißzustand auf.

Die mehrfach durchgeführten Untersuchungen haben gezeigt, dass Verschleißmarkenbreiten, welche sich in einem Bereich von lediglich 30 µm unterscheiden, einen signifikanten Einfluss auf das emittierte Körperschallsignal aufweisen. Dies ist besonders im angeregten Frequenzband sowie in der Amplitude der Intensität des Signals erkennbar. Konstante Verschleißzustände zeigten keine Variation der emittierten Signale. Für weitergehende Analysen der gewonnenen Erkenntnisse wurde die Versuchsdurchführung variiert.

Optimierungen der durchgeführten Versuchsreihe

Die gewonnenen Erkenntnisse aus den bisher vorgestellten Versuchsdurchführungen zeigten eine grundsätzliche Anwendbarkeit der Forschungsaufbauten. In den aufbauenden Untersuchungen wurden diese Versuchsdurchführungen angepasst. Das größte identifizierte Defizit der Versuchsreihe war die fehlerhafte Achsparallelität während der Stufenbohruntersuchungen. Die Analyse des Einflusses der unterschiedlichen Schneiden auf das emittierte Körperschallsignal stellte einen maßgeblichen Anteil der Untersuchungen dar und konnte, bedingt durch das Abbrechen der Hauptschneiden beim Eintritt des Bohrers in das Werkstück, nicht durchgeführt werden.

Des Weiteren konnten ebenfalls bei der Durchführung der Verschleißuntersuchungen Verbesserungspotenziale aufgedeckt werden. Hervorgerufen durch die Positionierung der Sensoren zentral in der Mitte der Werkstückscheibe und durch die Kinematik des Prozesses, beispielsweise durch die Drehrichtung des Bohrwerkzeuges, trafen Späne in statistischen, nicht vorhersehbaren, Abständen auf den Sensor. Dieser Spanaufprall konnte im Signal des Körperschallsensors detektiert werden und verfälschte daher die Messung, welche lediglich vom Verschleißzustand des Bohrwerkzeuges beeinflusst werden sollte. Die letzte identifizierte Schwachstelle des Versuchsaufbaus bezogen sich auf das ausgewählte Werkstück. Der Durchmesser der Werkstückscheibe wurde mit D = 500 mm bewusst sehr groß gewählt, um eine möglichst hohe Anzahl an Bohrungen und dadurch die Erzeugung eines kritischen Verschleißzustandes ohne Werkstückwechsel durchzuführen. Bei der Versuchsdurchführung wurde jedoch eine größere Anzahl an Bohrungen als im Vorfeld gedacht benötigt, um einen erhöhten Verschleißzustand am Werkzeug zu erzeugen. Dies führte dazu, dass die Werkzeugscheibe bevor ein kritischer Verschleißzustand erreicht wurde gewechselt werden musste, welches ebenfalls eine Neuanbringung der Sensoren auf der Werkstückoberfläche nach sich zog und daher einen signifikanten Einfluss auf das Körperschallsignal ausübte.

Die dargelegten Schwachstellen der Versuchsreihe hatten zur Folge, dass die identifizierten Veränderungen des aufgezeichneten Körperschallsignals nicht nur vom Verschleißzustand des Bohrwerkzeuges erzeugt wurden, sondern durch weitere Umgebungseinflüsse verursacht wurden. Aufgrund dieser Tatsache wurde ein neuer Versuchsaufbau konzipiert, welcher die Nachteile der vorangegangenen Versuchsreihe eliminieren sollte. Im nachfolgenden Kapitel wird der neu entwickelte Versuchsaufbau sowie die Versuchsdurchführung im Detail erläutert.

4.3 Erläuterung des Versuchsaufbaus und der –durchführung

Explanation of the experimental setup and conduction

Durch die beschriebenen Defizite der vorangegangenen Versuchsreihe wurde das Konzept der Versuche vollständig überdacht. Primäres Ziel war es, die angebrachten Sensoren die gesamte Versuchsdauer hinweg nicht erneut montieren zu müssen. Dieser Sachverhalt resultierte darin, dass die verwendeten Sensoren nicht wie bisher werkstückseitig, sondern werkzeugseitig angebracht werden mussten. Eine werkzeugseitige Anbringung der Sensoren würde ebenfalls den Einfluss der Bohrlochposition auf dem Werkstück auf das emittierte Körperschallsignal eliminieren. Da die Datenübertragung des Sensors nicht kabellos realisiert werden konnte und sich auf der bisher zum Einsatz gekommenden Werkzeugmaschine das Werkzeug rotatorisch bewegt, war eine werkzeugseitige Anbringung der Sensoren nahe der Zerspanzone nicht möglich.

Eine Sensoranbringung auf einer sich nicht rotatorisch bewegenden Komponente der Werkzeugspindel würde eine deutliche Vergrößerung der Strecke zwischen Zerspanzone und Sensor verursachen, welche durch eine hohe Anzahl an Schnittstellen gekennzeichnet ist. Wie im Stand der Technik dargestellt, verursacht die Erhöhung der Schnittstellenanzahl sowie der Strecke zwischen Zerspanzone und Sensor eine Dämpfung des Signals. Daher war es für die Versuchsdurchführung erforderlich ein stehendes Werkzeug zu verwenden, welches mit den ausgewählten Sensoren versehen wurde. Für die Realisierung eines Bohrprozesses war es daher notwendig, dass das Werkstück die rotatorische Bewegung durchführen musste. Daher wurden die folgenden Versuche auf einer Drehmaschine durchgeführt. In Abbildung 4.13 ist die Werkzeugmaschine, die DMG Mori NZX 1500 800 STY3, sowie eine Auswahl an technischen Daten dieser Werkzeugmaschine dargestellt.

DMG MORI NZX 1500 | 800 STY3

Technische Daten:

- Spindelleistung P = 2* 25 kW
- Max. Drehzahl n = 6000 1/min
- Größter Drehdurchmesser d = 320 mm
- Stangendurchlass d = 52 mm
- Verfahrweg X/Y/Z: 210/110/810 mm
- Angetriebene Werkzeuge 12.000 1/min
- Steuerung Fanuc F31iB
- Stangenlader l = 1200 mm

Abbildung 4.13: Werkzeugmaschine für die Durchführung der Versuchsreihe

Machine tool for the conduction of the test series

Die Werkzeugmaschine DMG Mori NZX 1500 800 STY3 besitzt zwei Werkzeugspindeln mit einer jeweiligen Leistung von P = 25 kW und einer maximalen Drehzahl von n = 6000 1/min. Eine Eigenschaft, welche diese Werkzeugmaschine für die Durchführung der Versuchsreihe besonders geeignet macht, ist die Option zur Verwendung eines Stangenladers. Durch den Einsatz des Stangenladers können Werkstücke mit identischen geometrischen Eigenschaften zeiteffizient bereitgestellt werden, da Rüstzeiten entfallen. Des Weiteren wird zur Vorbereitung der Versuchswerkstücke der Zusägeprozess eingespart. Werkstücksegmente, welche bereits für den Versuch verwendet wurden, werden zu diesem Zweck durch einen Abstechprozess entfernt. Das Werkstück wird über eine Vorschubstange in der Spindel bewegt und ist an beiden Enden durch die Vorschubstange sowie durch das Spannfutter geführt. Dabei hat die Vorschubstange das Rundmaterial in die Spannzange eingespannt. Über die hydrostatische Führung wird das Rundmaterial zentrisch geführt. Dies ist für den Versuch von entscheidender Bedeutung, da eine axiale Verlagerung der Werkstücke einen Werkzeugbruch hervorrufen könnte. Für ein besseres Verständnis der Spindelpositionierung ist in Abbildung 4.14 der Innenraum der Werkzeugmaschine abgebildet.

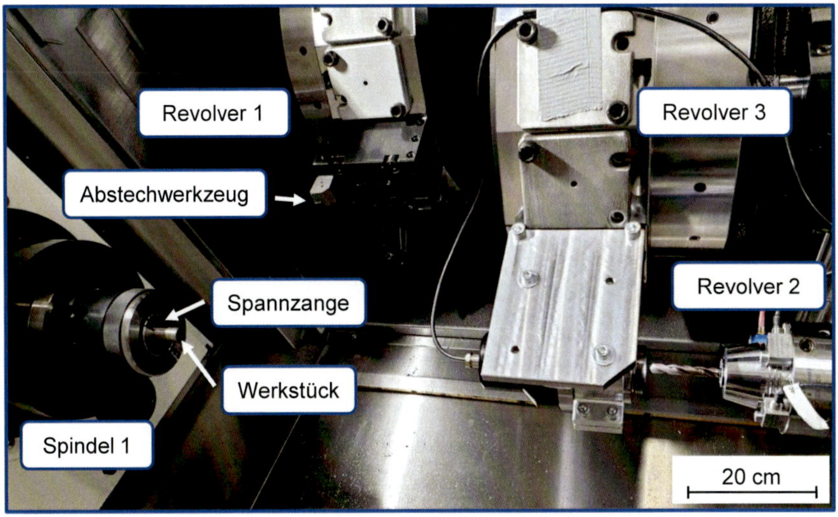

Abbildung 4.14: Innenraum der DMG Mori NZX 1500 800 STY3

Internal space DMG Mori NZX 1500 800 STY3

Dargestellt sind Spindel 1 sowie alle drei Revolver der Werkzeugmaschine. Das Werkstück für Spindel 1 kann manuell eingespannt, welches im Verlauf der Versuchsreihe ebenfalls zum Einsatz gekommen ist, oder mit Hilfe des Stangenladers in den Bearbeitungsraum der Maschine zugeführt werden. Werkstück und Spannzange können der Abbildung entnommen werden. An Revolver 1 ist das Abstechwerkzeug angebracht. Die Hauptbestandteile des Versuchsaufbaus sind an Revolver 2 montiert. Dies beinhaltet neben dem Bohrwerkzeug die verwendete Sensorik. Ein Messmikroskop zur Erfassung des Verschleißzustandes des Werkzeuges ist mit einer eigen konstruierten Halterung an Revolver 3 fixiert. Der Versuchsaufbau ohne eine Beschreibung der verwendeten externen Sensoren ist in Abbildung 4.15 dargestellt.

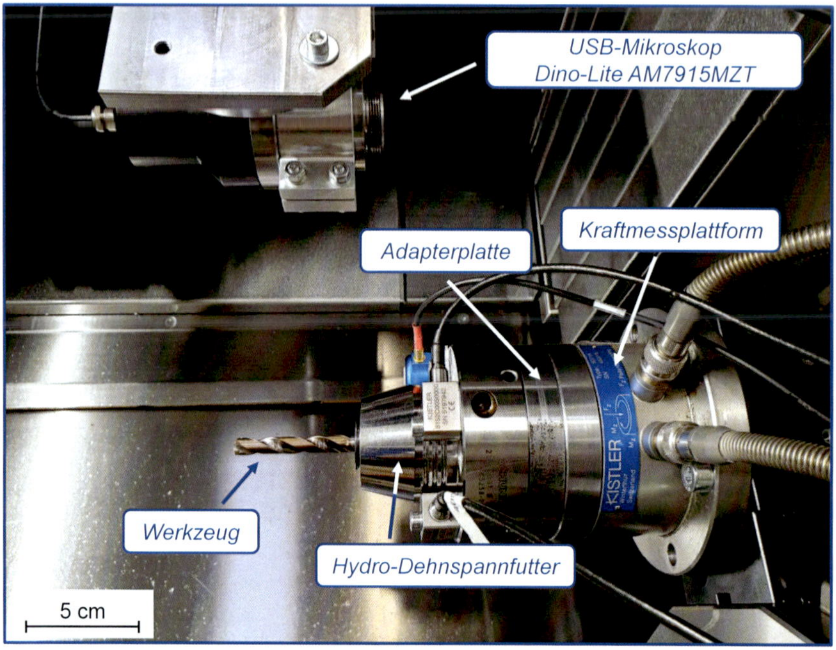

Abbildung 4.15: Versuchsaufbau ohne Beschreibung der externen Sensoren

Experimental setup without description of the external sensors

Das Bohrwerkzeug wurde in einem Hydrodehnspannfutter der Firma SCHUNK, Typ Tendo Flansch, mit einem Spanndurchmesser von 20 mm eingespannt. Durch die Verwendung eines Hydrodehnspannfutters konnte, im Gegensatz zu einem Dreibackenspannfutter, ein, für den Versuch notwendiger, optimaler Rundlauf des Werkzeuges sichergestellt werden. Die Rundlaufgenauigkeit des Spannfutters wurde vor der Versuchsdurchführung mit einer Messuhr überprüft und war kleiner als 3 µm. Zusätzlich bietet es eine gute Dämpfung gegen Schwingungen. Da das Werkzeug für eine Bestimmung des Verschleißzustandes in definierten Intervallen dem Spannfutter entnommen werden musste, ist die Gewährleistung einer zentrischen Spannung des Werkzeuges von elementarer Bedeutung für die Versuchsdurchführung. Für die Montage des Spannfutters auf die Bohrkraftmessplattform wurde eine Adapterplatte konstruiert, welche das Lochbild der Adapterplatte sowie der Bohrkraftmessplattform aufwies. Das 4-Komponenten Dynamometer vom Typ 9271A der Firma KISTLER, ist besonders für die Schnittkraftmessung beim Bohren geeignet und kann neben den drei orthogonalen Komponenten der Kraft das Drehmoment Mz bestimmen. Es besitzt eine große Steifheit und eine hohe Eigenfrequenz. Das große Auflösungsvermögen ermöglicht zudem die Identifizierung von kleinsten Abweichungen der Kräfte und des Drehmoments. Die Notwendigkeit der Verwendung des Dynamometers wird im Verlauf dieser Arbeit diskutiert.

Für eine effiziente Versuchsdurchführung sowie zur Reduzierung des Einflusses der Werkzeugentnahmen zur Bestimmung des Verschleißzustandes mittels eines KEYENCE Messmikroskops, Typ VHX6000, auf das Messergebnis, wurde ein USB-Messmikroskop in den Bearbeitungsraum der Werkzeugmaschine integriert. Das USB-Messmikroskop vom Typ AM7915MZT der Firma DINO-LITE hat eine Auflösung von 5 MP und eine maximale 220-fache Vergrößerung. Es besitzt zudem die Funktion des erweiterten Dynamikbereiches (EDR). Durch die Schichtung einzelner Bilder mit unterschiedlichen Belichtungen lassen sich Details dunklerer und hellerer Bereiche hervorheben. Voruntersuchungen an Wendeschneidplatten zeigten, dass die Tiefenschärfe des Messmikroskops für die Aufnahmen und die Bestimmung des Verschleißzustandes von wesentlicher Bedeutung ist. Durch die gegebenen geometrischen Beziehungen der Schneiden am Bohrer entsteht eine Höhendifferenz zwischen Querschneide und Schneidecke von s = 1,35 mm. Um die Querschneide sowie die gesamte Hauptschneide fokussiert im Bild darstellen zu können, bedarf es daher der erweiterten Tiefenschärfefunktion (EDOF). Dabei werden automatisch Bilder unterschiedlicher Bildschärfen zu einem einheitlichen Bild zusammengeschichtet.

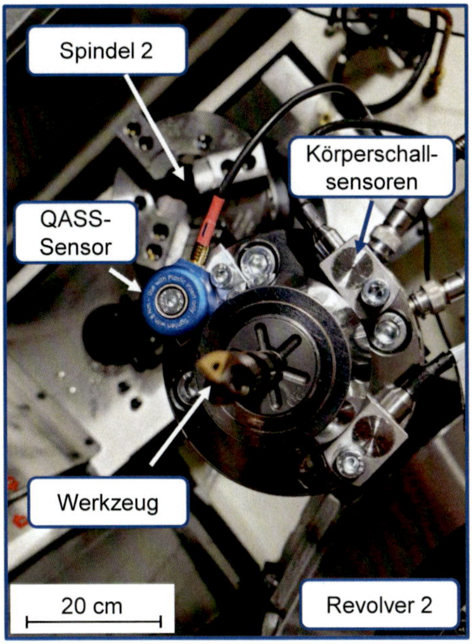

Körperschallsensor

Kistler 8152C0:

- Frequenzbereich: f = 50 kHz bis 400 kHz
- Temperaturbereich: -55 °C bis 165 °C
- IP65 Schutzart

QASS-Sensor

Optimizer 4D System:

- Abtastraten bis zu 50 MHz
- 3D-Darstellung von FFTs
- Musterkennung

Abbildung 4.16: Position externer Sensoren

External sensors position

In Abbildung 4.16 sind die neben der Kraftmessplattform verwendeten weiteren externen Sensoren des Versuchsaufbaus dargestellt. Die beiden Körperschallsensoren, Typ KISTLER 8152C0, sowie der Sensor des QASS Optimizer 4D Systems sind unmittelbar auf dem Hydro-Dehnspannfutter angebracht. Der Frequenzbereich der verwendeten Kistler Körperschallsensoren betrug f = 50 kHz – 400 kHz. Alle drei Sensoren wurden zur Reproduzierbarkeit der Sensorinstallation mit einem definierten Drehmoment montiert. Für eine Gewährleistung der Funktionsweise des QASS Sensors ist dieser Vorgang unabhängig von der Reproduzierbarkeit immer notwendig. Im Hintergrund der Abbildung 4.16 ist die zweite Spindel der Werkzeugmaschine zu erkennen. Diese kam während der Versuchsdurchführung nicht zum Einsatz.

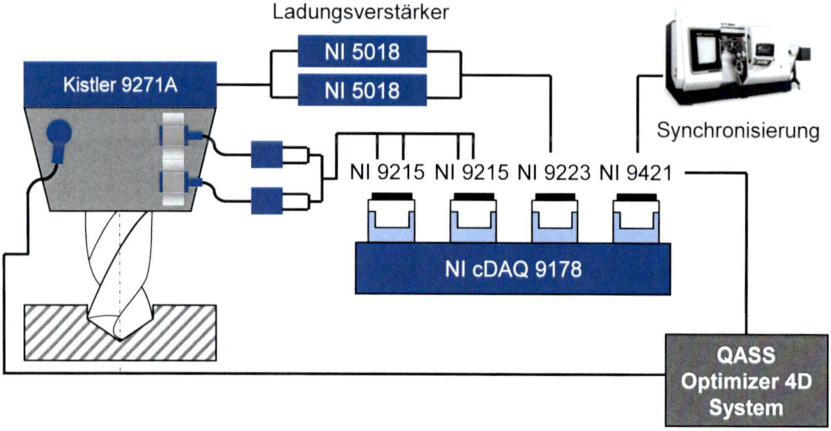

Abbildung 4.17: Schematische Darstellung der Messkette

Schematic representation of the measuring chain

Abbildung 4.17 zeigt die schematische Darstellung der gesamten Messkette. Neben den bereits beschriebenen Sensoren fokussiert sich die Abbildung auf die verwendeten Module zur Datenerfassung. Zur Synchronisierung aller Messdaten der unterschiedlichen Sensoren wurde das NI cDAQ 9178 mit Hilfe des Moduls NI 9421 mit der Werkzeugmaschine gekoppelt. Über einen M-Befehl im NC-Programm wurden alle Messungen synchron gestartet.

Werkstückbeschreibung

Für die Versuche wurde Stangenmaterial mit einem Durchmesser von D = 16 mm und einer Länge von L = 1 m verwendet. Der Werkstoff des Stangenmaterials war TiAl6V4. Für die Analyse des Einflusses des Verschleißzustandes auf das Körperschallsignal wurde eine Vielzahl von Sacklochbohrungen mit einer Bohrtiefe von s = 24 mm durchgeführt. Abbildung 4.18 zeigt die geometrischen Abmaße sowie ein reales, eingespanntes Werkstück für den Stufenbohrprozess.

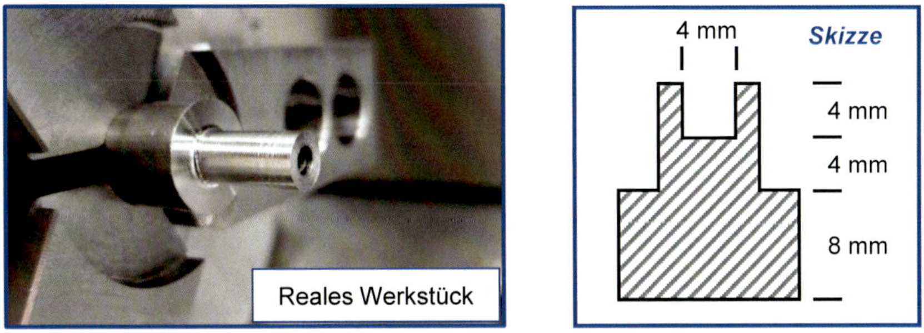

Abbildung 4.18: Skizze und reales Werkstück für den Stufenbohrprozess

Sketch and real workpiece for the step drilling process

Die Kontur sowie die Pilotlochbohrung des Werkstückes wurden mit einer Wendeschneidplatte und einem 4 mm Wendelbohrer, welche neben dem Abstechwerkzeug auf dem Revolver 1 angebracht waren, erzeugt. Insgesamt betrug die Bohrtiefe beim Stufenbohrprozess 16 mm. Die Tiefe der jeweiligen Stufen kann aus der abgebildeten Skizze entnommen werden. In Voruntersuchungen wurde, angepasst an die Sacklochbohrungen, eine Bohrtiefe von 24 mm gewählt, wobei jede der Stufen des Prozesses eine Tiefe von 8 mm aufwies. Da jedoch das Verhältnis von Stegdicke zu Auskraglänge in der ersten Stufe zu groß war und somit die Gefahr der Entstehung von Schwingungen, welche den Prozess beeinflussen konnten, zu hoch war, wurde die Tiefe der ersten und der zweiten Stufe des Stufenbohrprozesses reduziert.

Um den Einfluss der Fläche des Freiflächenverschleißes auf der Hauptschneide auf das Körperschallsignal zu untersuchen, wurde eine weitere Werkstückgeometrie entworfen und verwendet. Da laut Literatur die Fläche des Freiflächenverschleißes an der Hauptschneide eines Bohrers nach Außen hin zunimmt, wurde ein konischer Absatz inklusiver Pilotlochbohrung am Werkstück erzeugt.

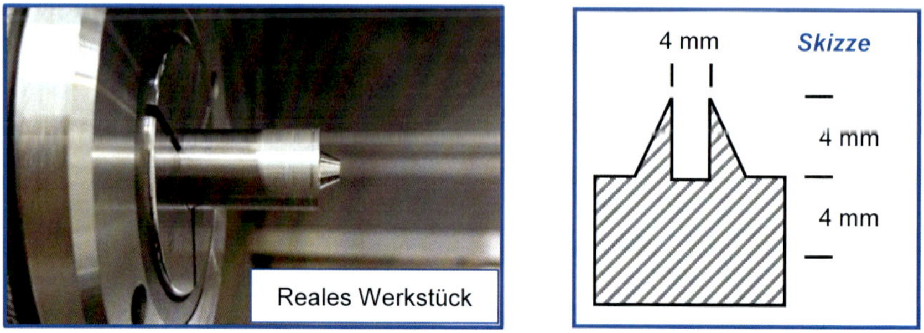

Abbildung 4.19: Werkstück zur Analyse der Fläche des Freiflächenverschleißes auf das Körperschallsignal

Workpiece for analysing the area of flank wear on the acoustic emission signal

Durch den konischen Absatz resultiert ein kontinuierlicher Anstieg der sich im Eingriff befindenden Hauptschneide und folgenderweise auch ein Anstieg der Fläche des Freiflächenverschleißes, welche einen Einfluss auf das Körperschallsignal ausüben kann. Äquivalent zum Stufenbohrprozess wurde bei diesem Werkstück die Höhe des Absatzes mit 4 mm zur Reduzierung des Schwingungseinflusses möglichst gering gewählt.

Versuchswerkstoff TiAl6V4

Der eingesetzte Werkstoff war TiAl6V4 und ist die am häufigsten eingesetzte und erforschte Titanlegierung. Der Werkstoff kann der Gruppe der α+β-Titanlegierung, welche sich durch ihr charakteristisches und bimodales Gefüge auszeichnet, zugeordnet werden. Die chemische Zusammensetzung sowie das Gefüge des Werkstoffes sind in Abbildung 4.20 dargestellt.

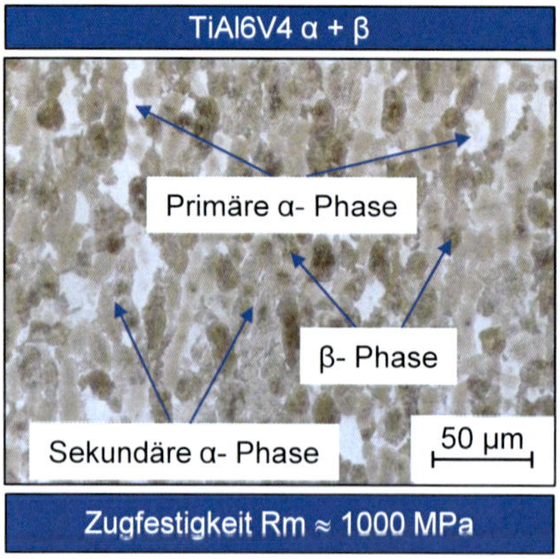

Element	Al / %	V / %	Fe / %	O / %
min.	5,50	3,5	0,0	0,0
max.	6,30	4,5	0,30	0,20

N / %	C / %	H / %	Sonst. / %	Ti / %
0,0	0,0	0,0	0,0	Rest
0,05	0,08	0,015	0,4	Rest

Abbildung 4.20: Chemische Zusammensetzung und Gefüge TiAl6V4

Chemical composition and microstructure TiAl6V4

Die Gitterstruktur der Kristalle des Reintitans liegt bei Temperaturen unter 882 °C hexagonal vor und es wird als α-Titan bezeichnet. Die Phase des β-Titans entsteht durch eine Umwandlung des Gitters in die kubisch raumzentrierte Form. Dies entsteht bei einer Überschreitung der Transustemperatur (882 °C). Das Temperaturgebiet für die Existenz der jeweiligen Phasen also eine Beeinflussung der Transustemperatur kann durch das Zulegieren bestimmter Elemente erfolgen. Mit einem Anteil von 6 Gew.-% ist Aluminium das wichtigste Legierungselement des Titans. Aluminium ist ein α-Stabilisator, welcher das Temperaturgebiet der α-Phase zu höheren Temperaturen erweitert. [KLOC08] Das ebenfalls in der Legierung vorkommende Vanadium (3,5 – 4,5 Gew.-%) stabilisiert die β-Phase, welches die Entstehung des zweiphasigen Gefüges ermöglicht. Im Gefügebild der Abbildung 4.20 sind die globularen (primären) α-Phasenanteile, die lamellar strukturierte (sekundäre) α-Phase sowie die β-Phase gekennzeichnet. Die Matrix besteht dabei aus der sekundären α- und aus der β-Phase. Durch das derart zusammengesetzte Gefüge enthält der Werkstoff die Vorteile lamellarer Strukturen, wie der Widerstand gegen Rissausbreitung und Kriechen, als auch hohe Festigkeiten und Bruchdehnungen hervorgerufen durch das globulare Gefüge. Diese metallurgischen Eigenschaften der zweiphasigen Gefügeausbildung bewirken jedoch eine besondere Belastung für das Werkzeug. Die spröde und harte α-Phase wirkt stark verschleißfördernd, wohingegen die weiche und duktile β-Phase zu Verklebungen neigt. [KLOC08] Die Legierung erreicht Zugfestigkeiten von Rm = 1000 N/mm^2 bei einer Bruchdehnung von A = 6-10 % [AIRB11]. Bei höheren Temperaturen neigt der Werkstoff zunehmend zur Oxidation. Die Legierung ist bis zu einer Temperatur von 550 °C temperaturbeständig.

Versuchsdurchführung

Die Versuche wurden mit unbeschichteten Hartmetallwerkzeugen durchgeführt. Es wurden in der Praxis eingeführte Hartmetallspezifikationen verwendet, die während der gesamten Versuchsreihe nicht variiert wurden. Der Ablauf der Versuchsdurchführung inklusive der verwendeten Schnittparameter sowie der unterschiedlichen Werkstückgeometrien ist in Abbildung 4.21 dargestellt. Während der gesamten Versuchsreihe kamen zwölf Bohrer vom identischen Typ zum Einsatz. Auf eine Variation der Bohrergeometrie bzw. auf eine Variation der Beschichtung oder des Substrates wurde bewusst verzichtet, so dass kein Einfluss auf das Körperschallsignal hervorgerufen durch die Werkzeuggeometrie verursacht wurde.

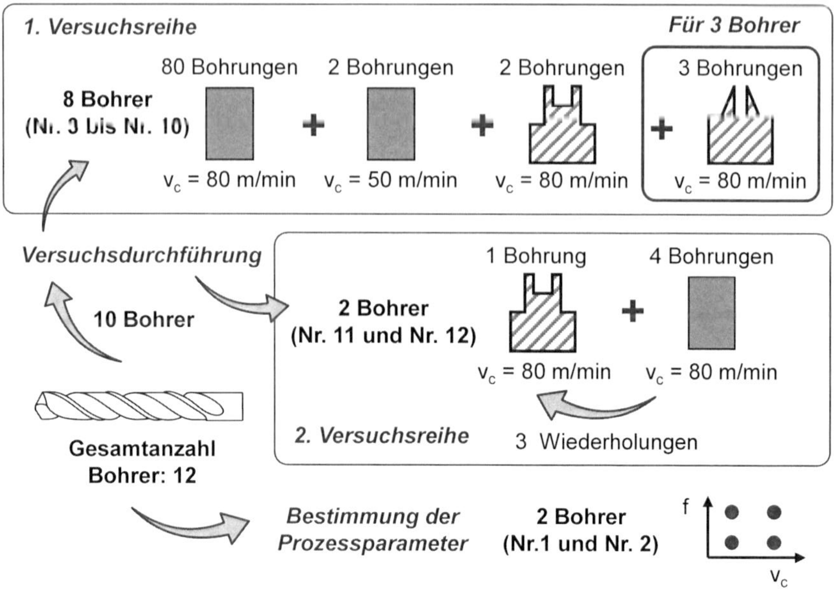

Abbildung 4.21: Ablauf der Versuchsdurchführung

Procedure of the experimental series

Das Ziel der Zerspanexperimente war es, Daten zu generieren, die lediglich durch den Freiflächenverschleiß des Werkzeuges beeinflusst werden. Dies ist für eine spätere Verwendung von Algorithmen des maschinellen Lernens von entscheidender Bedeutung. Die Verschleißentwicklung der eingesetzten Bohrer hatte somit bei der Wahl der Schnittparameter Priorität. Idealerweise sollte sich ein Freiflächenverschleiß von ungefähr VB_{max} = 150 µm nach einer hinreichenden Anzahl an Bohrungen einstellen. Ein kritischer Verschleißzustand bereits nach einer geringen Anzahl an Bohrungen wäre für die Verwendung von maschinellen Algorithmen ungeeignet. Zu diesem Zweck wurden vor Beginn der eigentlichen Versuchsdurchführung Testbohrungen mit variierendem Vorschub und variierender Schnittgeschwindigkeit mit zwei der vorhandenen Bohrer durchgeführt. Auf Grundlage der Testbohrungen wurden eine Schnittgeschwindigkeit von v_c = 80 m/min und ein Vorschub von f = 0,1 mm gewählt.

Die darauffolgende Versuchsdurchführung kann in zwei Versuchsreihen unterteilt werden. Für die erste Versuchsreihe kamen acht der zwölf Bohrer zum Einsatz. Mit jedem Bohrer wurden 80 konventionelle Bohrungen mit konstanten Schnittbedingungen durchgeführt. Nach jeder Bohrung wurde mit Hilfe des im Maschineninnenraum angebrachten Dinolite USB-Messmikroskops der Zustand einer Hauptschneide dokumentiert. Zusätzlich wurde nach fünf durchgeführten Bohrungen das Werkzeug der Maschine entnommen und mittels Keyence Messmikroskops untersucht. Im Anschluss an diese Bohrungexperimente erfolgten zwei weitere Bohrungen ins Vollmaterial mit einer

Schnittgeschwindigkeit von v_c = 50 m/min. Wie im Stand der Technik beschrieben unterliegt der Entwicklung des Verschleißzustandes statistischen Größen, so dass alle acht Bohrer einen unterschiedlichen maximalen Freiflächenverschleiß VB_{max} nach der Versuchsdurchführung aufwiesen. Darauffolgend wurden mit jedem Bohrer zwei Stufenbohrprozesse sowie je drei Bohrprozesse mit konischem Werkstück durchgeführt. Für eine später bessere Zuordnung während der Datenanalyse wurden die Bohrer der ersten Versuchsreihe mit den Nummern 3 bis 10 deklariert.

In der zweiten Versuchsreihe wurde ein Stufenbohrprozess durchgeführt. Zu diesem Zweck wurde für zwei unverschlissene Bohrer (Nr. 11 und Nr. 12) die Abfolge der Versuchsdurchführung geändert. Die Versuchsreihe begann mit einem Stufenbohrprozess auf den vier konventionelle Bohrprozesse ins Stangenmaterial folgten. Dies wurde für jeden Bohrer dreimal durchgeführt, so dass jeder Bohrer insgesamt 15 Bohrprozesse durchführte. Nach jedem Bohrprozess wurde wie in der ersten Versuchsreihe der Zustand der Hauptschneiden dokumentiert. Zusätzlich wurde vor jedem Stufenbohrprozess der Verschleißzustand an allen Schneiden des Bohrers mit Hilfe des Keyence Messmikroskops bestimmt.

4.4 Zusammenfassung und Zwischenfazit

Summary and interim conclusion

Die Erfassung von Prozessdaten im Speziellen von aufgezeichneten Daten des Körperschallsensors, welche lediglich vom Freiflächenverschleiß des eingesetzten Werkzeuges anhängig sind, war die Grundlage für das weitere Vorgehen in dieser Arbeit. Die aus Voruntersuchungen gewonnenen Erkenntnisse zur Konzipierung und zur Realisierung des Versuchsaufbaus wurden ausführlich im vorangegangenen Kapitel erläutert. Ein entscheidendes Merkmal der finalen Zerspanexperimente im Vergleich zu den Vorversuchen war die werkzeugseitige Positionierung der Sensoren. Aus der Literatur war bekannt und wurde in den Voruntersuchungen bestätigt, dass die aufgezeichneten Körperschallsignale signifikant von der Wegstrecke zwischen emittierender Quelle und Messposition abhängig sind. Ebenfalls beeinflussen die bereits durchgeführten Bohrungen das Körperschallsignal hervorgerufen durch Reflexionsphänomene.

Der Versuchsaufbau wurde im Detail beschrieben. Neben den Sensoren zur Messung der Körperschallsignale wurde eine Kraftmessplattform in den Aufbau integriert. Ein Anstieg der Kraftsignale durch einen Anstieg des Freiflächenverschleißes des Bohrers ist in unterschiedlichen Versuchsreihen bereits gezeigt und bewiesen worden. Die Verwendung der Kraftsignale wird im weiteren Verlauf dieser Arbeit erläutert. Zusätzlich zu der gesamten Messkette wurden die unterschiedlichen Geometrien der zum Einsatz kommenden Werkstücke und deren Nutzen für die Versuchsdurchführung vorgestellt. Eine detaillierte Beschreibung des Versuchswerkstoffes sowie des Ablaufs der Versuchsreihe waren ein weiterer Hauptbestandteil dieses Kapitels. Während der Versuchsdurchführung wurden die Prozessparameter nahezu konstant gelassen. Dadurch konnte eine Datenbasis erzeugt werden, die es im späteren Verlauf der Analyse ermöglicht, Algorithmen des maschinellen Lernens zu testen und zu verwenden.

Für eine spätere Validierung der Algorithmen wurden die verschlissenen Bohrer mit einer variierten Schnittgeschwindigkeit eingesetzt.

5 Identifikation prozessspezifischer Kennwerte aus dem Körperschallsignal

Identification of process specific parameters out of the acoustic emission signal

Kennwerte, welche mit der gewählten Ausgangsgröße korrelieren, sind von elementarer Bedeutung für die Anwendung von Algorithmen des maschinellen Lernens beziehungsweise für eine automatisierte Prozessüberwachung und bilden die Grundlage für das weitere Vorgehen dieser Arbeit. Die Bewertung und die Auswahl von Kennwerten, der in Kapitel 4 vorgestellten Zerspanexperimente, bezogen auf den Verschleißzustand der Werkzeuge wird in diesem Kapitel vorgestellt. Zunächst werden die unterschiedlichen Sensordaten über dem gemessenen Freiflächenverschleiß aufgetragen und analysiert. Im Anschluss erfolgt eine Diskussion über die prozessspezifische Eigenschaften anhand der gesammelten Ergebnisse. Dabei werden besonders die Prozesssignale beim Stufenbohren und beim konischen Bohren mit dem konventionellen Bohrprozess verglichen und in die jeweiligen Zeitbereiche der Schneideneingriffe unterteilt. Das Kapitel schließt mit einer allgemeinen Vorstellung eines Ansatzes für die Modellentwicklung.

5.1 Analyse der aufgezeichneten Prozessdaten des konventionellen Bohrprozesses

Analysis of the recorded process data of the conventional drilling process

Abbildung 5.1 zeigt exemplarisch für den konventionellen Bohrprozess der Versuchsreihe die aufgezeichneten Sensordaten der Kraftmessplattform sowie der angebrachten Körperschallsensoren.

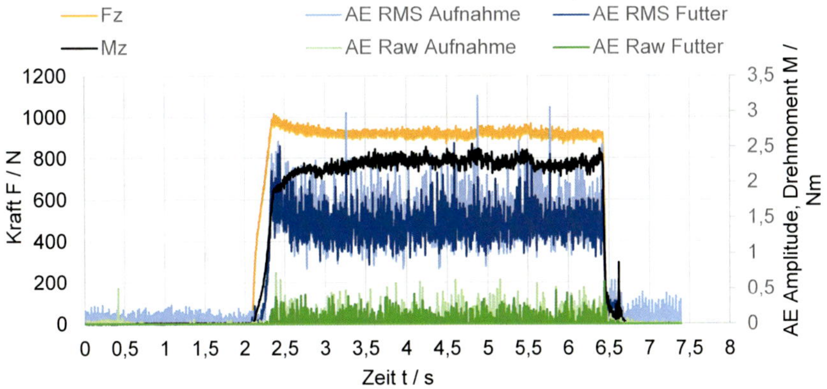

Abbildung 5.1: Messdaten eines konventionellen Bohrprozesses

Measurement data of a conventional drilling process

Die Datenerfassung ist über den Befehl im NC-Programm synchronisiert. Die Dauer t = 2 s wird benötigt, um den Kontakt zwischen Werkstück und Werkzeug zu erzeugen. Es ist deutlich erkennbar, dass alle Signale der unterschiedlichen Sensoren zur identischen Zeit die Messung starten und beenden. Die Kraft in z-Komponente Fz wird durch die orangefarbene Linie im Diagramm repräsentiert. Der Verlauf der Kraft Fz während des gesamten Bohrprozesses ist charakterisiert durch einen steilen Anstieg und einen nahezu konstanten Wert über den gesamten Verlauf des Prozesses. Lediglich ein leichter Abfall der Kraft nach dem Eingriff der Haupt- und Nebenschneiden des Bohrers in das Werkstück ist identifizierbar. Dies ist durch die Erwärmung des Werkstoffes und die dadurch resultierende Reduzierung der Festigkeit zu erklären. Das Drehmoment Mz weist ähnlich wie die Kraft Fz einen über den Bohrprozess nahezu konstanten Verlauf auf. Anstelle eines temperaturbedingten Abfalls ist jedoch zu Beginn des Bohrprozesses ein Anstieg des Drehmomentes zu erkennen. Dieser charakteristische Verlauf des Drehmoments ist durch den Eingriff der Nebenschneide mit steigender Bohrtiefe im Vergleich zu Beginn des Bohrprozesses, bei dem lediglich die Querschneide bzw. die Hauptschneiden im Eingriff sind, zu begründen. Nach vollständigem Eingriff der Nebenschneiden stellt sich ein konstantes Niveau des Drehmomentes ein. Im Diagramm sind zusätzlich für beide Körperschallsensoren die Roh- als auch die RMS-Werte eingetragen. Beide RMS-Signale zeigen einen zum Fz-Signal übereinstimmenden Verlauf. Wie bereits im Stand der Technik erwähnt, werden Körperschallsignale meist im Frequenzbereich analysiert, so dass charakteristische Eigenschaften des Bohrprozesses schwer anhand des Zeitsignales des Körperschallsensors zu beschreiben sind. Eine Analyse des Frequenzbereichs der Körperschallsignale wird im weiteren Verlauf dieses Kapitels vorgestellt.

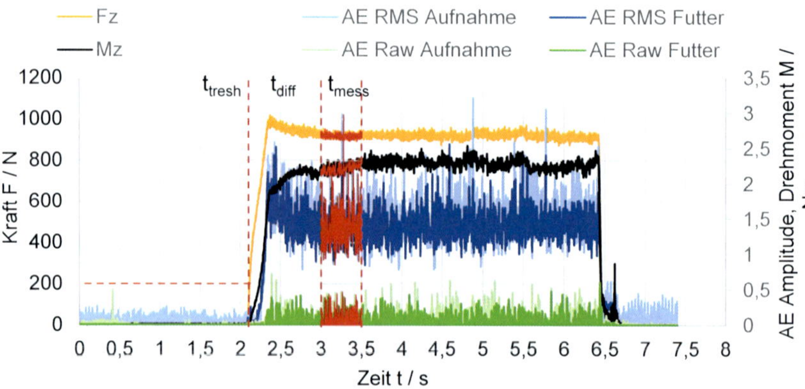

Abbildung 5.2: Zeitbereich zur Kennwertbestimmung

Time range for characteristic value determination

Zur Bestimmung von Kennwerten der unterschiedlichen Messsignale wurde nicht die gesamte Messung der jeweiligen Bohrung verwendet. Abbildung 5.2 erläutert graphisch die Bestimmung des Zeitfensters, welches zur Berechnung der Kennwerte benutzt wurde. Zunächst wurde das Zeitfenster t_{mess} mit einer Länge von 0,5 Sekunden definiert. Dieses Zeitfenster liefert sowohl für die Berechnung der Kennwerte aus dem Körperschallsignal als auch aus dem Signal der Kraftmessplattform ausreichend Datenpunkte. Wie bereits beschrieben sind alle Signale der unterschiedlichen Sensoren synchronisiert. Die Zeit zwischen dem Start der Messung bis zum Kontakt von Werkzeug und Werkstück kann von Bohrung zu Bohrung leicht variieren, da die Anfahrgeschwindigkeit des Bohrers manuell eingestellt wird. Aus diesem Grund war es nicht möglich, ein für alle Bohrungen einheitliches Zeitfenster, beispielsweise von t_1 =3 s bis t_2 = 3,5 s, auszuwählen. Zur Bestimmung eines für alle Bohrungen einheitlichen Zeitfensters wurde deshalb ein Schwellenwert der Kraft, F_{tresh} =200 N, definiert. Der Startpunkt des Zeitpunktes ist daher wie folgt bestimmbar:

$$t_{mess,start} = t_{tresh} + t_{diff} \quad (1)$$

$$t_{mess,ende} = t_{mess,start} + 0{,}5s \quad (2)$$

Das Zeitintervall t_{diff} = 0,8 s wurde so gewählt, dass sich der Bohrprozess für das gewählte Messfenster in einem stabilen Bereich befindet. In Abbildung 5.3 ist exemplarisch für die Analyse der Messdaten mit Hilfe des gewählten Zeitfensters die gemittelte Kraft der Kraftkomponente Fz für vier der acht verwendeten Bohrer dargestellt.

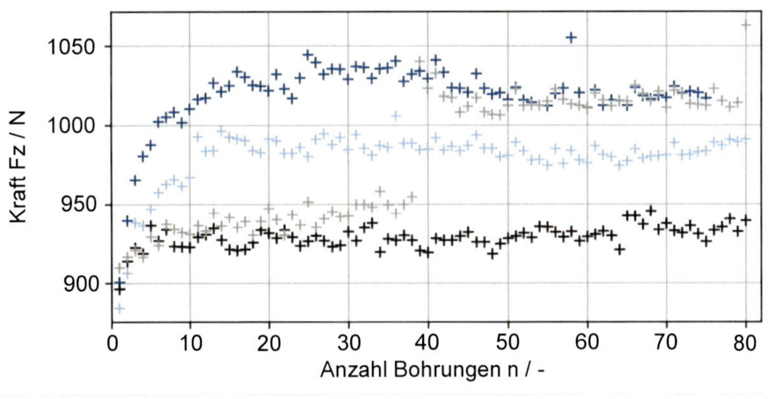

Abbildung 5.3: Mittelwert der Kraft Fz

Mean value of the force Fz

Für jedes Zeitfenster einer Bohrung wurde ein mittlerer Kraftwert für alle 80 Bohrungen der vier Bohrer berechnet. Innerhalb der ersten 20 Bohrungen jedes Bohrers ist ein deutlicher Anstieg des Kraftwertes erkennbar. Dieser Anstieg ist durch den Initialverschleiß des Bohrers zu begründen. Nach annäherungsweise 20 Bohrungen stellt sich ein konstanter bis leicht ansteigender Wert der Kraft ein. Die nachgewiesene Korrelation zwischen Schnittkraft und Verschleißzustand des Bohrers belegt die Funktionalität des gewählten Versuchsaufbaus. Auffällig sind die, trotz Verwendung geometrisch identischer Werkzeuge, auftretenden Schwankungen der maximalen Kraftsignale zwischen den Werkzeugen. Bohrer 3 konnte für Bohrung 25 eine mittlere Kraft von Fz = 1045 N zugeordnet werden, wobei Bohrer 5 für Bohrung 25 lediglich eine mittlere Kraft von Fz = 926 N aufwies. Dies entspricht einer prozentualen Differenz von 12,8 % und ist daher ein weiteres Indiz für die Wichtigkeit einer Prozessüberwachung, da trotz identischen Zerspanbedingungen der Prozess einem statistischen Verhalten unterliegt. Obwohl Körperschallsignale zumeist im Frequenzbereich analysiert werden, wurde zu einer ersten Überprüfung einer vorhandenen Korrelation zwischen Körperschallsignal und Werkzeugverschleiß ebenfalls der Mittelwert des Signals des jeweiligen Zeitfensters über alle 80 Bohrungen des Werkzeuges aufgetragen. Das Ergebnis ist in Abbildung 5.4 graphisch dargestellt. Es ist ein deutlicher Trend im Verlauf der Signale mit ansteigendem Freiflächenverschleiß des Bohrwerkzeugs zu erkennen, welches im Vergleich zu den in Kapitel 4 vorgestellten Versuchen bzw. Versuchsergebnissen ein deutlicher Fortschritt ist. Die Messwerte der unterschiedlichen Werkzeuge weisen im Vergleich zur Kraft Fz eine deutlich geringere Abweichung untereinander auf. So besitzen beispielsweise Bohrer 3 und 5 für Bohrung 25 einen nahezu identischen Zahlenwert. Dies lässt darauf schließen, dass die Zerspankraft, in diesem Fall repräsentiert durch die gemessene Kraftkomponente in z-Richtung, keine direkte Korrelation zum emittierten Körperschallsignal besitzt. Einfluss auf die in der Zerspanzone entstehenden körperschallemittierenden Phänomene kann der Zerspankraft jedoch zugeordnet werden.

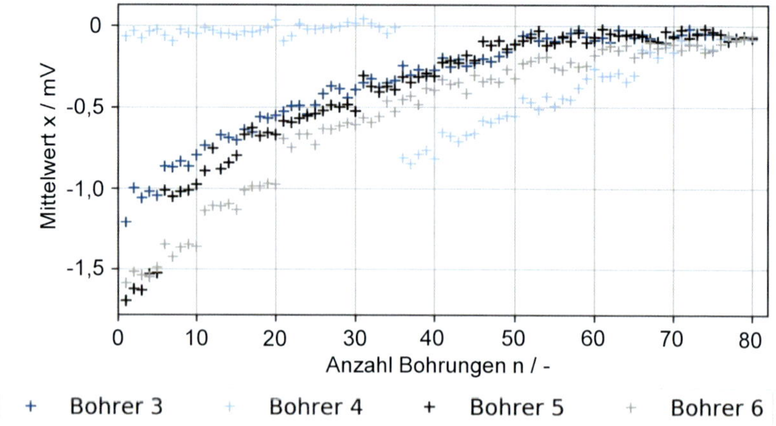

Abbildung 5.4: Mittelwert der Amplitude des Körperschallsignals

Mean value amplitude of the acoustic emission signal

Eine detaillierte Interpretation der Messdaten wird anhand der extrahierten Kennwerte im späteren Verlauf dieses Kapitels durchgeführt. Diese Kennwerte werden anhand der aufgezeichneten Signale aus dem Zeitbereich aller Sensoren sowie zusätzlich aus dem Frequenzspektrum der Körperschallsignale gebildet. Das Frequenzspektrum wurde mit Hilfe einer Fast Fourier Transformation aus dem definierten Zeitintervall bestimmt. Exemplarisch stellt Abbildung 5.5 das Frequenzspektrum der ersten Bohrung von Bohrer Nummer 4 dar. Es sind zwei charakteristische Frequenzintervalle identifizierbar, da diese die höchsten Amplituden aufweisen. Das erste Frequenzintervall liegt zwischen f = 75 kHz und f = 150 kHz und das zweite von f = 250 kHz bis f = 350 kHz. Die Veränderung dieser Frequenzbereiche in Abhängigkeit von dem Verschleißzustand der Werkzeuge verlangt es besonders zu untersuchen.

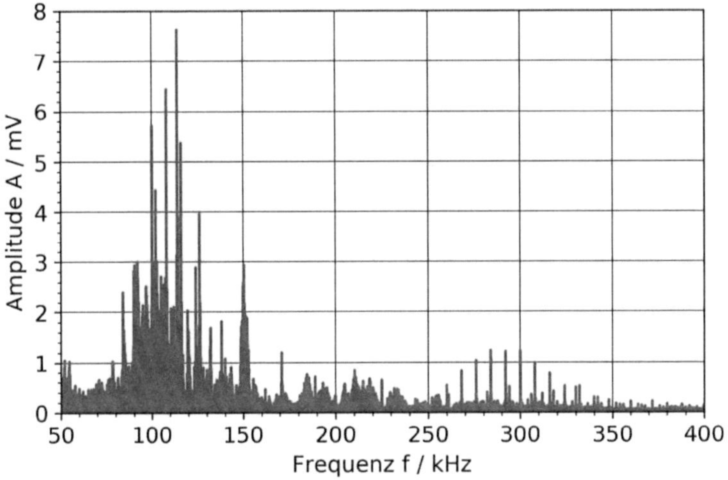

Abbildung 5.5: Frequenzspektrum der ersten Bohrung von Bohrer Nr. 4

Frequency spectrum of the first drill hole of drill no. 4

Eine Herausforderung war die Bestimmung der maximalen Verschleißmarkenbreite VB_{max} der eingesetzten Bohrer. Wie bereits in Kapitel 4 beschrieben, wurde nach jeder Bohrung unter Zuhilfenahme eines USB-Mikroskops eine Aufnahme vom Verschleißzustand des Bohrers durchgeführt. Das USB-Mikroskop besitzt jedoch keine Funktion, die Verschleißmarkenbreite direkt zu bestimmen.

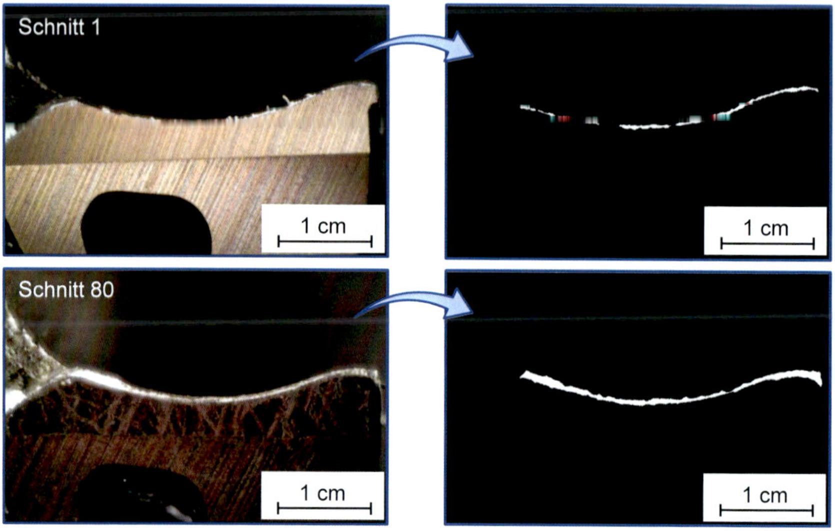

Abbildung 5.6: Bestimmung der maximalen Verschleißmarkenbreite VB_{max}

Determination of the maximum width of flank wear land VB_{max}

Abbildung 5.6 zeigt die Aufnahme einer Hauptschneide des eingesetzten Bohrers (Nr. 7) nach der ersten und der 80. Bohrung. Die Bestimmung der maximalen Verschleißmarkenbreite erfolgte für jede Aufnahme manuell. Dazu wurde mittels der Programmiersprache Python die Fläche des Freiflächenverschleißes ausgeschnitten, in dem eine Splinefunktion um die Kontur des Freiflächenverschleißes gelegt wurde. Zwei dieser ausgeschnittene Konturen sind in der rechten Hälfte der Abbildung 5.6 dargestellt. Durch die Anzahl der in dieser sich befindenden Kontur eingeschlossenen Pixel kann neben der Fläche des Freiflächenverschleißes ebenfalls die maximale Verschleißmarkenbreite VB_{max} bestimmt werden.

Exemplarisch für die Bohrer Nr. 3 bis Nr. 6 stellt die Abbildung 5.7 die Entwicklung der maximalen Verschleißmarkenbreite VB_{max} dar. Die Verschleißentwicklung der weiteren eingesetzten Bohrer können dem Anhang dieser Arbeit entnommen werden. Besonders die Bohrer Nr. 3 und Nr. 4 weisen einen stark ausgeprägten Initialverschleiß auf. Ein deutlicher Anstieg von VB_{max} bei Bohrer Nr.5 und Bohrer Nr. 6 ist jeweils nach ca. 45 Bohrungen erkennbar. Auffällig sind die hohen Abweichungen der jeweiligen Verschleißmarkenbreiten nach den 80 durchgeführten Bohrungen. Diese variieren zwischen $VB_{max,5}$ = 72 µm und $VB_{max,4}$ = 110 µm. Ein Grund für diese hohe Abweichung kann die trockene Bearbeitung sein. Eine Kühlschmierstoffzufuhr hat neben der Kühlung ebenfalls die Aufgabe Späne aus der Zerspanzone abzutransportieren. Durch den Wegfall dieser Aufgabe ist die Wahrscheinlichkeit erhöht, dass ein Spänestau entsteht und die Schneide schneller verschleißt.

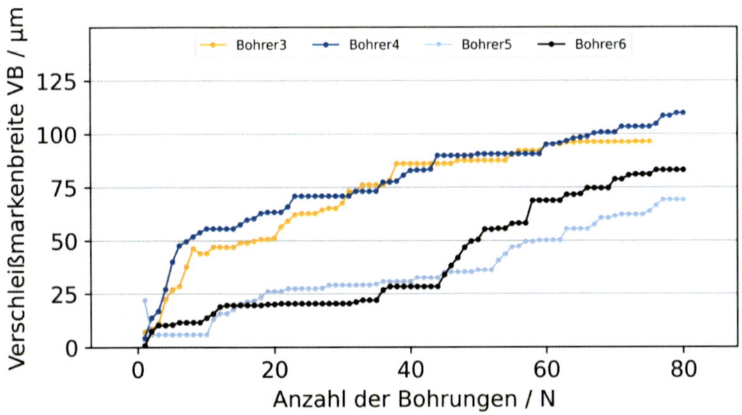

Abbildung 5.7: Verschleißentwicklung der eingesetzten Bohrer

Wear development oft he used drilling tools

Wie bereits in Kapitel 4.3 beschrieben neigt die weiche und duktile β-Phase zu Verklebungen, die zur Bildung von Aufbauschneiden führt. Dies erschwerte eine automatisierte Verschleißmessung basierend auf Algorithmen der Bildverarbeitung deutlich, da der aufgeschmierte Werkstoff die Messung beeinflusste. Daher wurde das bereits beschriebene manuelle Verfahren zur Verschleißmessung gewählt. Trotz eines stetig ansteigenden Verschleißes ist die dritte Phase der Verschleißentwicklung, der progressive Verschleißanstieg, nicht zu erkennen. Die erreichten Werte der maximalen Verschleißmarkenbreite sind jedoch in einem für die Industrie kritischen Bereich einzuordnen und sind somit im Hinblick auf das weitere Vorgehen dieser Arbeit anwendbar.

5.2 Datenanalyse des Stufenbohrprozesses sowie des konischen Bohrprozesses

Data analysis of the step drilling process as well as the conical drilling process

Speziell die Umsetzung des konischen Bohrens sowie des Stufenbohrprozesses waren in der durchgeführten Versuchsreihe eine Herausforderung, da sie in den vorangegangenen Versuchsreihen zu Werkzeugbrüchen führten. Abbildung 5.8 stellt exemplarisch für einen Stufenbohrprozess den Signalverlauf der Kraft Fz und des Drehmomentes Mz dar. In beiden Signalverläufen sind eindeutig die drei unterschiedlichen Stufen des Prozesses zu erkennen. Im Kraftsignal ist nach dem Eintritt in die erste sowie in die zweite Stufe der bereits charakteristische Kraftabfall hervorgerufen durch die Erwärmung des Bauteils detektierbar. Der Eintritt in die dritte Stufe bewirkt hingegen nur einen leichten Anstieg des Kraftsignals. Da die Nebenschneiden eines Bohrers nahezu keine Erhöhung des zerspanten Volumens verursachen, ist dieser leichte Kraftanstieg folgerichtig. Das Kraftsignal zeigt insgesamt ein geringes Rausch-zu-Signal-Verhältnis.

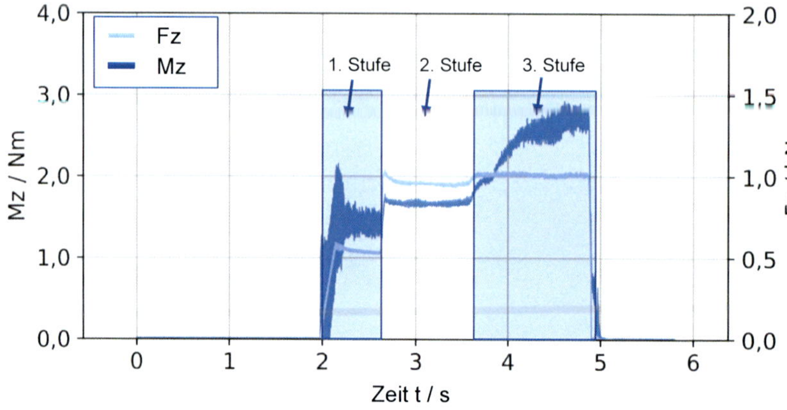

Abbildung 5.8: Kraft- und Drehmomentverlauf des Stufenbohrprozesses

Force and torque development of the step drilling process

Im Vergleich zum Kraftsignal weist das Signal des Drehmomentes Mz ein deutlich höheres Rauschen auf. Das größte Rausch-zu-Signal-Verhältnis ist dabei in der ersten Stufe erkennbar. Da der Prozess in der ersten Stufe durch die nicht vorhandene Stabilisierung der Querschneide am instabilsten abläuft, müssen das Werkstück und das Werkzeug in identischer Achse liegen. Dies würde sonst, wie in den Vorversuchen, in einem Werkzeugbruch resultieren. Davon unabhängig sind alle drei Stufen im Signal des Drehmomentes erkennbar.

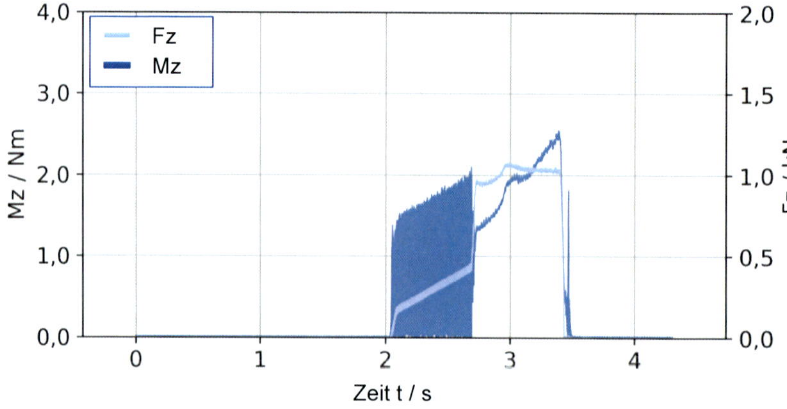

Abbildung 5.9: Kraft- und Drehmomentverlauf des konischen Bohrprozesses

Force and torque development of the conical drilling process

Die stetige Zunahme des Drehmomentes in Stufe 3 ist erneut durch den ansteigenden Zuwachs der Nebenschneide in das Werkstück zu begründen. Durch die erfolgreiche

Trennung der unterschiedlichen Schneideneingriffe ist eine Analyse des Frequenzbereiches des Körperschallsignals in Abhängigkeit von den jeweiligen Verschleißzuständen der Schneiden realisierbar.

In Abbildung 5.9 ist der Kraft- und Drehmomentverlauf des konischen Bohrprozesses dargestellt. Durch den konischen Absatz erhöht sich mit fortschreitender Zeit der sich im Eingriff befindende Teil der Hauptschneide. Durch diesen Sachverhalt steigt das Zerspanvolumen an, welches durch den linear ansteigenden Verlauf der Kraft zu Beginn des Prozesses deutlich erkennbar ist. In der zweiten Stufe dieses Prozesses sind alle Schneiden des Bohrers im Eingriff des Werkstückes. Im Kraftsignal zum Zeitpunkt t = 3 s ist der Eingriff der Nebenschneiden in das Bauteil sichtbar. Als Folge des fehlenden Eingriffs der Quer- und Nebenschneiden während des konischen Bohrprozesses verläuft der Prozess sehr instabil. Dies ist durch das hohe Rauschen im Drehmomentsignal in diesem Abschnitt erkennbar. Nach dem Hinzukommen dieser Schneiden wird das Rauschen signifikant reduziert.

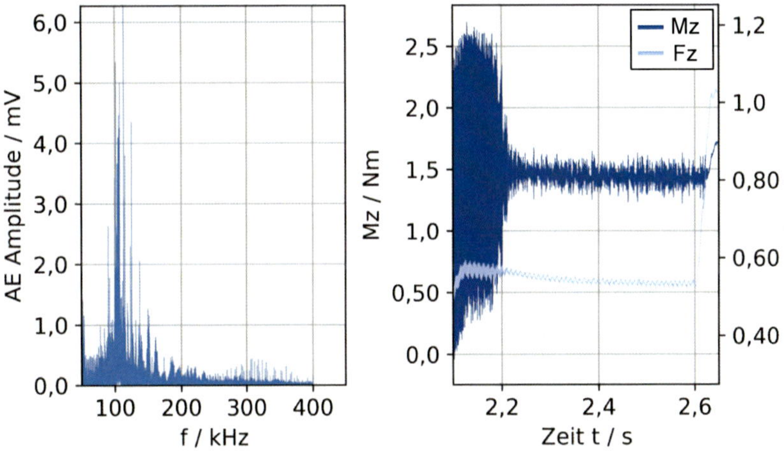

Abbildung 5.10: Darstellung des Frequenzbereichs der ersten Stufe des Stufenbohrprozesses

Representation of the frequency range of the first stage of the step drilling process

Exemplarisch für die Analyse der emittierten Frequenzen der unterschiedlichen Stufen im Stufenbohrprozess oder im konischen Bohrprozess ist in Abbildung 5.10 die erste Stufe des Stufenbohrprozesses visualisiert. Im rechten Diagramm der Abbildung ist das Kraft- und Momentensignal der ausgewählten Stufe im Zeitbereich dargestellt. Der Frequenzbereich ist im Bereich von 50 bis 400 kHz aufgetragen. Deutlich erkennbar ist die hohe Frequenzdichte im Frequenzbereich um f = 100 kHz mit hohen Amplituden. Des Weiteren ist im Intervall von f =280 kHz bis f = 340 kHz ein Anstieg der Frequenzen wahrnehmbar. Die Analyse der Frequenzbänder in Abhängigkeit von dem Freiflächenverschleiß bzw. Schneideneingriff erfolgt im späteren Verlauf dieser Arbeit.

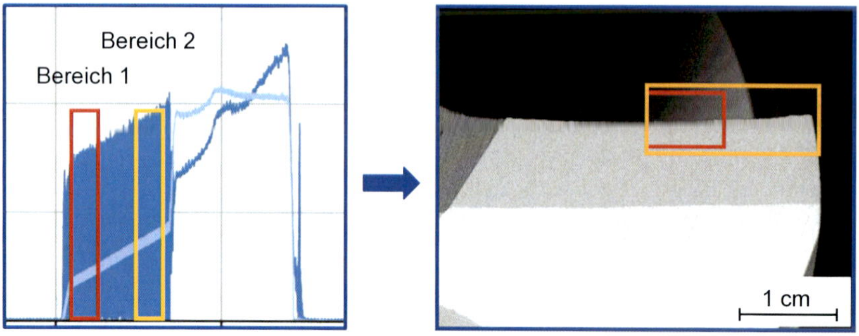

Abbildung 5.11: Analyse des konischen Bohrprozesses

Analysis of the conical drilling process

Die aufgezeichneten Messdaten des konischen Bohrprozesses wurden im Hinblick auf eine Korrelation bezüglich der sich im Kontakt befindenden Fläche des Freiflächenverschleißes analysiert. Dazu wurden zwei Bereiche des Signales ausgewählt, die in Abbildung 5.11 wiedergegeben sind. Es wurde ein Bereich zu Beginn und zum Ende des konischen Bohrprozesses definiert, jeweils mit einer Intervallbreite von 0,5 Sekunden. In der rechten Hälfte der Abbildung sind die daraus resultierenden sich im Eingriff befindenden Segmente der Hauptschneide dargestellt. Aufgrund der Pilotbohrung des Werkstücks (vergleiche dazu Abbildung 4.19) ist der zum Zentrum des Bohrers zugewandte Bereich der Hauptschneide nicht im Eingriff. Für die gekennzeichneten Bereiche wurden im Anschluss unterschiedliche Kennwerte berechnet. Exemplarisch für die Analyse des konischen Bohrprozesses ist in Abbildung 5.12 die Energie des Körperschallsignals (Integral des aufgezeichneten Körperschallsignals im Zeitbereich) über die jeweiligen konischen Bohrprozesse für beide Bereiche aufgetragen. Dabei steht Wx für das verwendete Bohrwerkzeug und Sx für die Versuchsnummer des jeweiligen Werkzeuges.

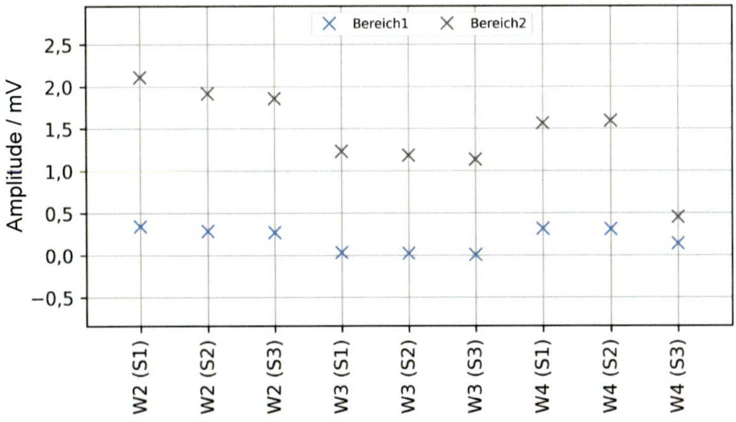

Abbildung 5.12: Darstellung des Energie Kennwertes für die jeweiligen konischen Bohrprozesse

Representation of the energy characteristic value for the respective conical drilling processes

Abgesehen vom letzten durchgeführten konischen Bohrprozess (W4 S3) weist der dargestellte Kennwert einen deutlichen Anstieg von Bereich 1 zu Bereich 2 auf, welcher durch die Erhöhung der eingreifenden Fläche des Freiflächenverschleißes zu begründen ist. Ein Anstieg des Energiewertes zwischen Versuch 1 und Versuch 3 ist nicht erkennbar. Dies lässt auf einen kontinuierlichen Verschleißzustand der Bohrwerkzeuge während der Versuchsdurchführung schließen.

5.3 Ermittlung charakteristischer Kennwerte für eine automatisierte Prozessanalyse

Determination of characteristic values for an automated process analysis

Für eine Vorauswahl der später im Algorithmus zum Einsatz kommenden Kennwerte wurden für jeden Bohrprozess charakteristische bzw. stochastische Kennwerte, beispielsweise Medianwerte, Mittelwerte oder Kurtosiswerte, aus dem Körperschallrohsignal bestimmt. Der Kurtosiswert wird auch als Wölbung einer Kurve bezeichnet und beschreibt die Abweichung des Verlaufs einer Verteilung im Vergleich zum Verlauf der Normalverteilung an. Diese Kennwerte wurden für den Zeitbereich sowie für den Frequenzbereich gebildet und bezogen sich auf die Reihenfolge der durchgeführten Bohrungen je Bohrer, die gemessene Kraft F_z sowie auf die maximale Verschleißmarkenbreite VB_{max}. Abbildung 5.13 zeigt die Entwicklung des Medians des Körperschallzeitsignals aufgetragen über die Verschleißmarkenbreite für die Bohrer Nummer 3 bis Nummer 6.

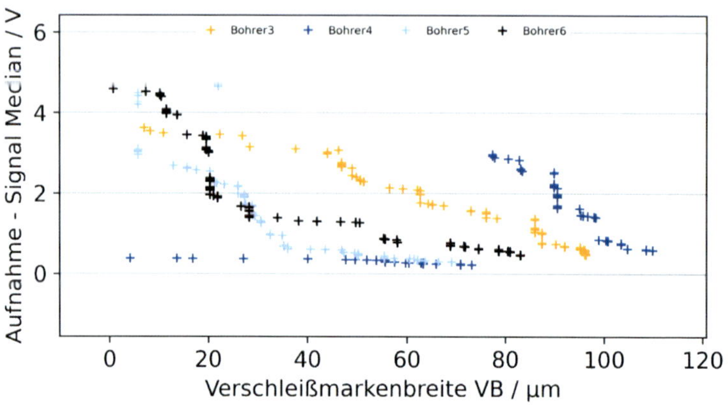

Abbildung 5.13: Median des Körperschallzeitsignals

Median of the acoustic emission signal

Der Wert des Medians zeigt für die dargestellten Bohrer mit zunehmender Verschleißmarkenbreite VB einen abfallenden Trend. Dies ist besonders deutlich bei Bohrer Nummer 3, Nummer 5 und Nummer 6 zu erkennen. Lediglich bei Bohrer Nummer 4 ist ein Sprung im Signalverlauf bei einer Verschleißmarkenbreite von VB = 80 µm festzustellen. Zur Bestimmung des Maßes für den Grad des linearen Zusammenhangs zwischen den gebildeten Kennwerten und den Eingangsgrößen, Reihenfolge und Verschleißmarkenbreite, wurde der Korrelationskoeffizient zwischen diesen Werten gebildet. Dieser Koeffizient ist dabei dimensionslos und nimmt Werte im Intervall von -1 bis +1 an. Bei einem Wert von +1 existiert ein vollständig positiver linearer Zusammenhang zwischen den ausgewählten Merkmalen. Ein Wert von -1 weist einen vollständig negativen linearen Zusammenhang auf. Eine Korrelation von Null ist gegeben, wenn die Kovarianz Null ist. Die Kovarianz misst die gemeinsame Variabilität von zwei Variablen.

$$cov(x,y) = \frac{1}{n-1}\sum_{i=1}^{n}(x_i - \bar{x})(y_i - \bar{y})$$

$$-\infty < cov(x,y) < +\infty$$

Der Korrelationskoeffizient wird durch das Verhältnis aus der Kovarianz zu den Standardabweichungen von x und y gebildet. [KOHN13] Abbildung 5.14 stellt für Bohrer Nummer 3 den Korrelationskoeffizienten dar. Der Koeffizient wird dabei durch die Regressionsgerade repräsentiert und besitzt einen Wert von r = -0,9823. Dies entspricht einer starken negativen Korrelation.

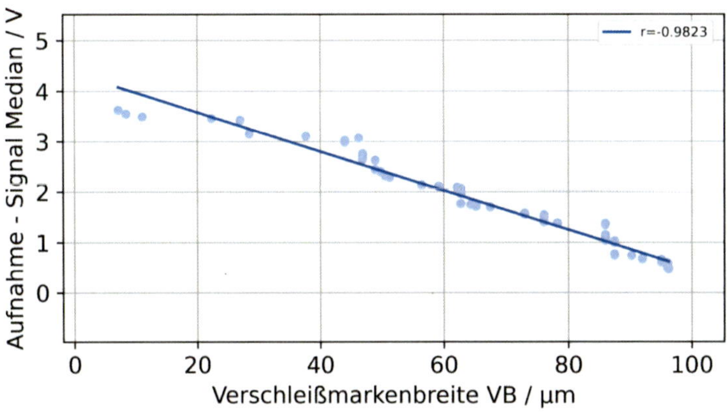

Abbildung 5.14: Korrelationskoeffizient zwischen Median der Signalamplitude und der Verschleißmarkenbreite VB_{max}

Correlation coefficient between median of signal amplitude and maximum with of flank wear land VB_{max}

Als ein Beispiel für eine positive Korrelation ist in Abbildung 5.15 der Korrelationswert zwischen dem aus dem Signal der Fast Fourier Transformation gebildeten Wert der Kurtosis und der Verschleißmarkenbreite dargestellt. Wie im Stand der Technik ausführlich erläutert, stellt die Kurtosis eine Maßzahl für die Steilheit einer Wahrscheinlichkeitsfunktion oder einer Häufigkeitsverteilung dar

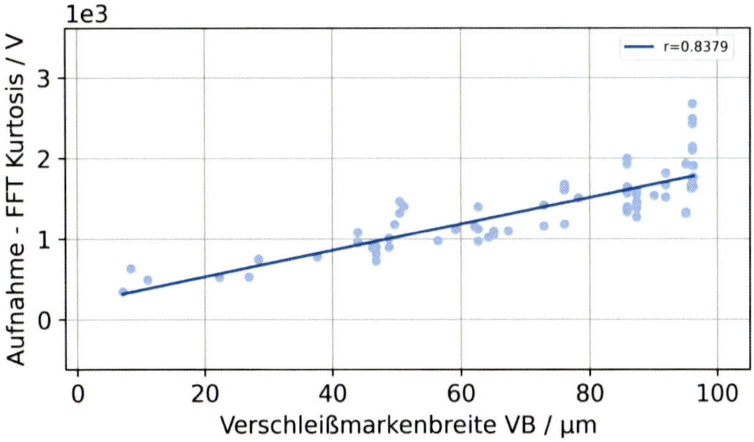

Abbildung 5.15: Korrelationskoeffizient zwischen dem Kurtosiswert der FFT und der Verschleißmarkenbreite VB_{max}

Correlation coefficient between the curtosis value of the FFT and the maximum width of flank wear land VB_{max}

Die Regressionsgerade, welche anhand der jeweiligen Korrelationswerte bestimmt wurde, weist eine Steigung von r = 0,8379 auf. Als eine weitere Größe, welche mit dem Verschleißzustand des Werkzeuges korrelieren kann, wurde die Oberflächenrauheit der Bohrung analysiert, welches eine Größe zur Beschreibung der Bauteilqualität repräsentiert. Dabei wurden im Anschluss an die Versuchsdurchführung die Bohrungsinnenseite der Werkstücke taktil vermessen. Für die Bewertung der Oberflächenrauheit wurde jedes fünfte Werkstück eines Bohrers analysiert. Somit ergaben sich 16 Werkstücke pro Bohrer. Aus statistischen Gründen und zur Vermeidung von Ausreißern wurde jedes Werkstück an drei unterschiedlichen Stellen in der Bohrungsinnenseite vermessen. Die taktile Messung erfolgte mit Hilfe eines Hommel Etamic T8000. Für die Bestimmung der Oberflächenrauheitswerte Ra, Rmax und Rz wurde eine Messstrecke von 4,8 mm mit einem Punktabstand von 0,5 µm gewählt. In Abbildung 5.16 sind die Werte für den Rauheitsparameter Ra für alle Werkstücke und verwendeten Bohrer aufgetragen. Die dargestellten Werte repräsentieren die Mittelwerte aus den drei durchgeführten Messungen.

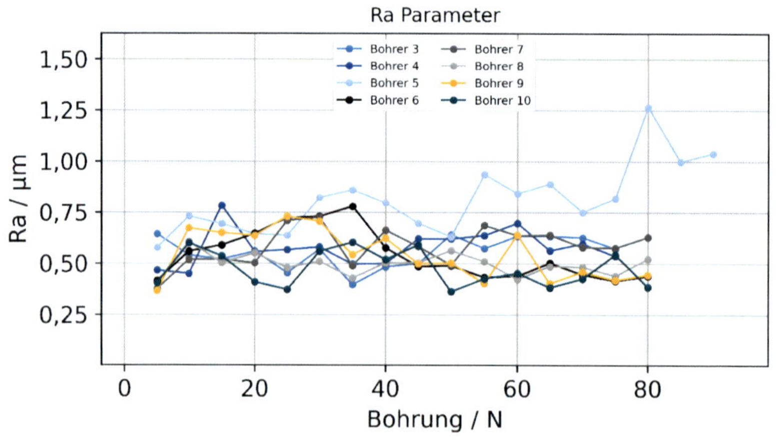

Abbildung 5.16: Verlauf des Rauheitswertes Ra über die Anzahl der Bohrungen

Progression of the roughness value Ra over the number of drilling holes

Mit Ausnahme von Bohrer Nummer 5, bei dem ein Anstieg des Rauheitswertes mit zunehmender Anzahl der Bohrungen erkennbar ist, ist im dargestellten Diagramm keine Korrelation zwischen der Bohrungsnummer bzw. des Verschleißzustandes des Bohrers und der Oberflächenrauheit vorhanden. Die gilt auch für die weiteren gemessenen Rauheitskennwerte.

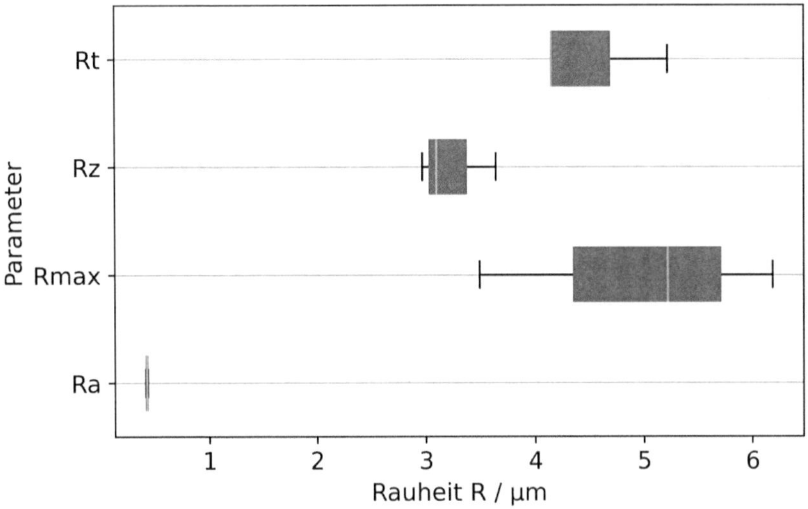

Abbildung 5.17: Darstellung der Rauheitskennwerte für Bohrer 9 nach 80 Bohrungen

Representation of the roughness values for drilling tool 9 after 80 holes

Auffallend waren die teils großen Abweichungen innerhalb der drei durchgeführten Messungen aller aufgezeichneter Rauheitsparameter für jedes Werkstück. In Abbildung 5.17 sind die Ergebnisse der drei Messungen der Rauheitsparameter Ra, Rmax, Rt und Rz für Bohrer 9 nach der 80. Bohrung dargestellt. Außer dem Mittenrauwert Ra weisen alle Kennwerte eine große Streuung des Messwertes auf. Die Streuung der Messwerte ist mit Hilfe eines Boxplot-Diagramms dargestellt. Besonders Rmax, welcher die größte Einzelrautiefe der gewählten Messstrecke repräsentiert, schwankt innerhalb der drei Messungen in einem Intervall von [3,5 µm; 6,2 µm]. Die orangefarbene Linie innerhalb des Boxplot-Diagramms bildet den Median der Messungen ab. So wird deutlich, dass bei der Messung der Rautiefe Rz zwei der drei aufgenommenen Werte nah bei einander lagen und die Streuung von 0,8 µm durch lediglich einen Messwert hervorgerufen wurde.

5.4 Zusammenfassung und Zwischenfazit

Summary and interim conclusion

Ziel dieses Kapitel war die Bestimmung von charakteristischen Kennwerten, welche die Grundlage der Modellbildung im kommenden Kapitel bilden. Zunächst wurde die Datenverarbeitung erläutert. Dazu wurde ein definierter Zeitbereich aus dem gesamten Signal des Bohrprozesses entnommen. Dies hatte den Grund, dass bei Eintritt und Austritt des Bohrwerkzeuges in das Werkstück charakteristische Prozesseigenschaften, beispielsweise der Eintritt der Querschneide oder der Zuwachs des Nebenschneideneingriffes in das Werkstück, das Signal beeinflussen. Dies sollte bei einer Bestimmung der Kennwerte jedoch eliminiert werden. Im Anschluss erfolgte eine erste Analyse der Mittelwerte der Kraft Fz und des aufgenommenen Drehmomentes, ob ein Anstieg in Abhängigkeit von der Bohrzeit erkennbar war. Weiterhin wurde für jeden durchgeführten Bohrprozess eine Vielzahl von Kennwerten bestimmt und wurde im Hinblick auf eine zum Freiflächenverschleiß existierende Korrelation analysiert.

Die Auswertung der Verschleißentwicklung der Werkzeuge über dessen Bearbeitungszeit war ein entscheidender Sachverhalt. Zur Bestimmung der maximalen Verschleißmarkenbreite wurde manuell mittels Python Software und der Splinefunktion die Kontur der Verschleißfläche definiert. Über die Anzahl der Pixel innerhalb der Kontur konnte die Verschleißfläche quantifiziert werden. Die Bildung von Aufschmierungen des Werkstoffes an der Hauptschneide erschwerte dabei die exakte Bestimmung der maximalen Verschleißmarkenbreite VB_{max}. Zusätzlich wurden die Messdaten der konischen Bohrprozesse sowie der Stufenbohrprozesse ausgewertet.

6 Entwicklung eines Modells zur Verschleißvorhersage

Development of a model for wear prediction

Die manuelle Analyse der Messsignale ergab erkennbare positive sowie negative Korrelationen zwischen Kennwerten, welche aus dem Körperschallrohsignal sowie aus dem Frequenzbereich des Körperschallsignals extrahiert wurden, und dem Verschleißzustand der Bohrwerkzeuge. Diese Erkenntnis soll in ein für den Bohrprozess allgemein gültiges Modell für eine Körperschall-Verschleißzustands-Korrelation überführt werden. Dafür erfolgt in Kapitel 6 zunächst eine systematische Analyse im Hinblick auf die Auswahl und Bewertung geeigneter Algorithmen des maschinellen Lernens. Diese Algorithmen bilden die Grundstruktur des späteren Modells. Dabei werden Algorithmen des überwachten sowie des unüberwachten Lernens bewertet. Die Algorithmen werden anhand unterschiedlicher Bezugsgrößen validiert.

6.1 Auswahl geeigneter Algorithmen des maschinellen Lernens

Selection of suitable machine learning algorithms

Aufgrund des optimierten Versuchsaufbaus war es möglich, ebenfalls die Zerspankraftkomponente in z-Richtung aufzunehmen. Daher wird neben der gemessenen maximalen Verschleißmarkenbreite die Zerspankraft in z-Richtung sowie die Bohrungsnummer als Label-Größe verwendet. Da die Bohrungsnummer einem linearen Anstieg unterliegt, wird diese Größe als ein erster Maßstab für die Eignung des Modells verwendet, bevor die Zerspankraft sowie die Verschleißmarkenbreite zur Validierung eingesetzt werden. Die Bohrungsnummer korreliert direkt mit dem zerspanten Werkstoffvolumen. Angeschlossen an die Versuchsdurchführung erfolgte die Messung der Oberflächenrauheit der Bohrungsinnenwände. Die Qualität der Bohrung wird als weitere Ausganggröße ausgewählt. Für eine Analyse der Algorithmen im Hinblick auf eine Eignung für den Einsatz in einem Modell zur Bewertung des Bohrprozesses bedarf es einer standardisierten Vorgehensweise. Die Grobstruktur dieser Vorgehensweise ist in Abbildung 6.1 dargestellt. Die ersten drei der sechs Schritte wurden bereits in Kapitel 5 dieser Arbeit vorgestellt. Dabei handelt es sich um die Signalverarbeitung, der Bestimmung der Bezugsgrößen, auf welche die Algorithmen angelernt werden (maximale Verschleißmarkenbreite VB_{max}, Schnittkraftkomponente Fz, die Reihenfolge der Bohrungen sowie die Oberflächenrauheit) und die Bestimmung von statistischen Kennwerten, welche eine mögliche Korrelation mit den genannten Bezugsgrößen aufweisen.

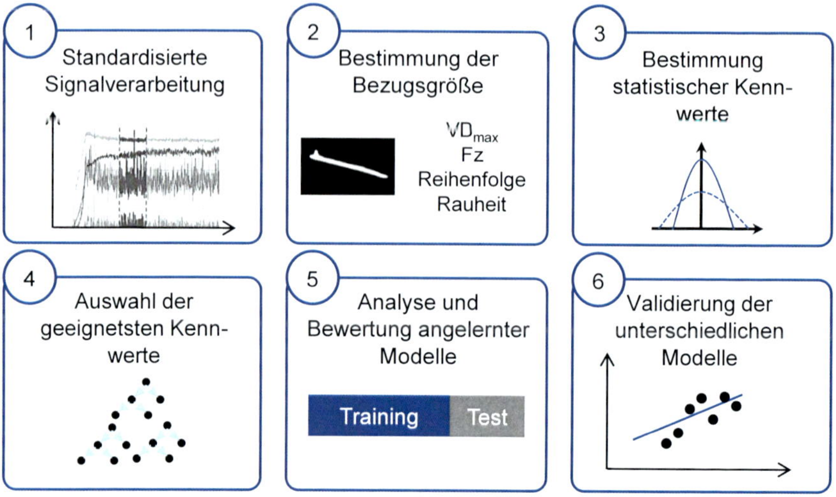

Abbildung 6.1: Hauptschritte der Modellbildung

Main steps of modelling

Aufgrund der Vielzahl an möglichen statistischen Kennwerten, welche eine Korrelation zum Freiflächenverschleiß des Werkzeugs aufweisen können, ist eine Auswahl der geeignetsten Kennwerte zu treffen. Des Weiteren ist eine Analyse im Hinblick auf die benötigte Anzahl an Kennwerten für ein späteres Modell durchzuführen. Der in diesem Kapitel wichtigste Schritt der Modellbildung ist die Analyse und Bewertung unterschiedlicher Algorithmen des maschinellen Lernens. Primär wird der Algorithmus dabei nach seiner Vorhersagegenauigkeit bewertet, jedoch wird ebenfalls die Rechendauer des Algorithmus und daraus resultierend die industrielle Eignung in den Analyseprozess mitberücksichtigt. Zum Ende erfolgt eine Validierung der unterschiedlichen Algorithmen.

Es wurden 64 unterschiedliche Kennwerte ermittelt. Hierauf wird in Kapitel 6.2 im Detail eingegangen. Zur Reduzierung des Rechenaufwandes wurden mit Hilfe des Random Forest Algorithmus die relevantesten neun Kennwerte für jeden Datensatz berechnet, da die Gewichtung der unterschiedlichen Kennwerte von Datensatz zu Datensatz abweichen. Die Summe der Gewichtungen aller 64 Kennwerte beträgt den Wert 1.

6.2 Bewertung der ausgewählten Algorithmen des maschinellen Lernens

Evaluation of the selected machine learning algorithms

Im folgenden Kapitel wird die Analyse der verwendeten Algorithmen präsentiert. Abbildung 6.2 stellt die für eine erste Auswertung verwendeten Algorithmen vor. Die Vorauswahl der Algorithmen wurde basierend auf der im Stand der Technik sowie aus den gewonnenen Erkenntnisse eigener Voruntersuchungen getroffen. Für ein besseres

Verständnis der im Verlauf dieses Kapitels gezeigten Diagramme können der Abbildung 6.2 ebenfalls die zu den jeweiligen Algorithmen zugeordneten Abkürzungen entnommen werden. Wie aus der Abbildung erkennbar, wird der K-means Algorithmus in dieser Arbeit mit KNN abgekürzt. Dies wird aus dem englischen Namen k nearest neighbours abgeleitet.

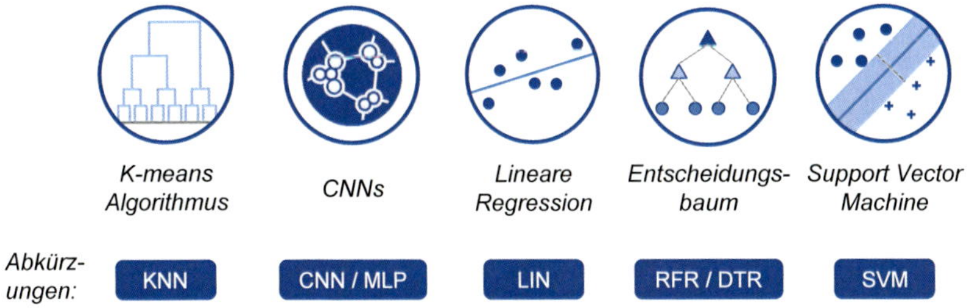

Abbildung 6.2: Darstellung verwendeter Algorithmen

Illustration of the used algorithms

Das Ergebnis der Algorithmen wird anhand des mittleren quadratischen Fehlers (engl. root mean square error, Abk.: RMSE) bewertet. In Abbildung 6.3 auf der rechten Seite ist das Prinzip der Fehlerbestimmung dargestellt. Für das Training der Algorithmen werden 80 % der aufgezeichneten Datensätze verwendet. Mit Hilfe der trainierten Algorithmen werden dann die Vorhersagewerte für die restlichen 20 % der Datensätze ermittelt. Diese Vorhersagewerte werden mit den Werten der Testdatensätze abgeglichen. Die Abweichung zwischen Vorhersagewert und Testdatenwert entspricht dem mittleren quadratischen Fehler, der im weiteren Verlauf der Arbeit im Detail diskutiert wird.

Für eine Optimierung des Lernprozesses der Algorithmen wurde die Kreuzvalidierung verwendet. Kreuzvalidierungsverfahren zählen zu den Testverfahren der Statistik und basieren auf Stichprobenwiederholungen, welche die statistischen Eigenschaften von Testgrößen anhand wiederholter Ziehungen von Stichproben bestimmen. Mit der Kreuzvalidierung kann daher effizient überprüft werden, inwieweit eingestellte Parameter der Algorithmen sich als zutreffend herausstellen. Dabei stellt die Art und Weise der Validierung oft einen Kompromiss zwischen Resultat und Aufwand dar. [SART19] In der linken Hälfte der Abbildung 6.3 ist die Kreuzvalidierung graphisch dargestellt. Alle aufgezeichneten Datensätze des im Vorhinein bestimmten Trainingsdatensatzes werden in n Teilmengen unterteilt. Im Anschluss erfolgen n Iterationen, bei denen jeweils eine Unterstichprobe zur Validierung der Modellparameter verwendet wird. Die durch die einzelnen durchgeführten Iterationen bestimmte geringste Fehlerquote ist die Grundlage für die Auswahl der Modellparameter. Die finale Validierung der Modellparameter erfolgt dann mit Hilfe des Testdatensatzes. Mit Hilfe dieses Vorgehens lässt sich die Spezifizierung der Parameter optimieren.

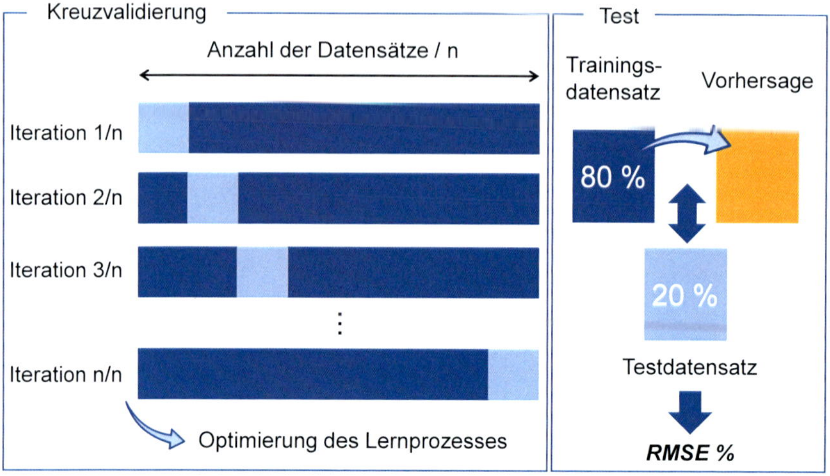

Abbildung 6.3: Kreuzvalidierung und Test der Algorithmen

Cross-validation and testing of the algorithms

Ausgeschlossen von diesem Vorgehen zur Bestimmung der Modellparameter sind jedoch neuronale Netze. Für die Spezifizierung der Modellparameter wird ein Optimum aus dem Gesamtfehler, dem Validierungsfehler und dem Trainingsfehler ermittelt.

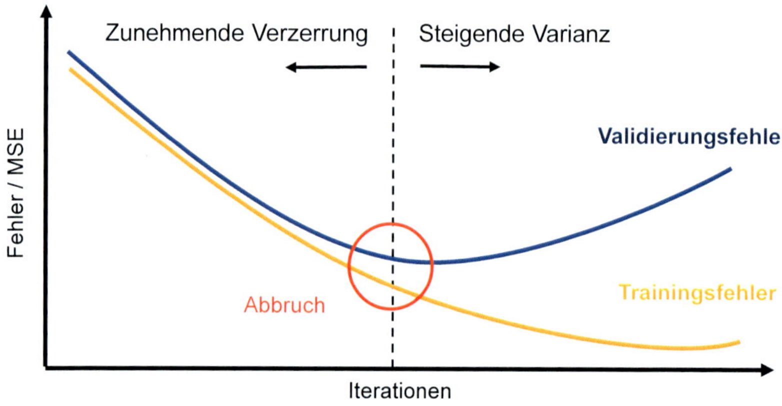

Abbildung 6.4: Bestimmung der Modellparameter bei neuronalen Netzen

Determination of model parameters for neural networks

Dieser Sachverhalt wird von Abbildung 6.4 graphisch dargestellt. Es ist deutlich zu erkennen, dass mit steigender Anzahl der Iterationen der Validierungsfehler sowie der Trainingsfehler reduziert werden. Nach einer gewissen Anzahl an durchgeführten Iterationen steigt der Validierungsfehler jedoch wieder an. Ab diesem Bereich beginnt die sogenannte Überanpassung (engl.: overfitting). Das bedeutet, dass zu viele erklärende

Variablen ein Modell beschreiben und relevante Variablen nicht mehr analysiert werden können. Dies führt dazu, dass das Modell für andere Datensätze nicht mehr geeignet ist, was in einem Anstieg des Validierungsfehlers resultiert.

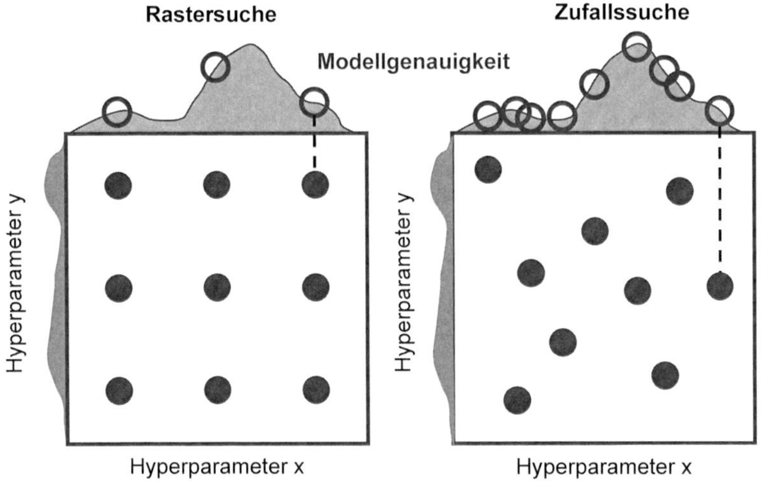

Abbildung 6.5: Modellgenauigkeit der Rastersuche und der Zufallssuche [BERG12]

Model accuracy of grid search and random search [BERG12]

Wie bereits erwähnt ist das Ziel eines Lernalgorithmus, eine Lösung zu finden, die einen bestimmten Verlust bzw. Fehler minimiert. Ein Lernalgorithmus ist dabei eine Funktion, die einen Datensatz auf eine Funktion abbildet. Der Lernalgorithmus selbst beinhaltet oft Zusatzfunktionen, die aus Hyperparametern bestehen. Hyperparameter sind dadurch gekennzeichnet, dass sie bereits vor dem Training des Algorithmus festgelegt werden und zur Steuerung des Trainingsalgorithmus dienen. Die Bestimmung bzw. der Optimierungsprozess dieser Hyperparameter erfolgt zumeist durch eine manuelle oder durch eine Rastersuche (engl.: grid search). Bei der Rastersuche wird die Menge der Versuche durch die Zusammenstellung aller möglichen Wertekombinationen gebildet, so dass die Anzahl der Versuche bei der Rastersuche exponentiell ansteigt. Dies ist in der linken Hälfte der Abbildung 6.5 dargestellt. Neben der Rastersuche kann ebenfalls die Zufallssuche verwendet werden. Die Zufallssuche weist alle praktischen Vorteile der Rastersuche auf und tauscht zudem eine Verringerung der Effizienz in niedrigdimensionalen Räumen gegen eine Verbesserung der Effizienz in hochdimensionalen Suchräumen. Die Abbildung 6.5 veranschaulicht, wie sich Punktraster und gleichmäßig zufällige Punktmengen darin unterscheiden, wie sie mit niedriger effektiver Dimensionalität verfahren. Ein Punktraster führt zu einer gleichmäßigen Abdeckung des ursprünglichen 2-D-Raums, aber Projektionen auf einen Unterraum führen zu einer ineffizienten Abdeckung des Unterraums. Im Gegensatz dazu sind zufällige Punkte im Originalraum etwas weniger gleichmäßig verteilt, im Unterraum jedoch wesentlich gleichmäßiger (siehe Modellgenauigkeit der Zufallssuche). [BERG12]

Die Algorithmen wurden bezogen auf vier unterschiedliche Bezugsgrößen (engl. label) trainiert und angewendet: Reihenfolge der Bohrungen, Axialkraft Fz, Drehmoment Mz sowie die maximale Verschleißmarkenbreite VB_{max}. Zusätzlich wurde die Art der Signale für das Training und die Validierung der Algorithmen variiert. Es erfolgte jeweils eine Analyse der Algorithmen mit allen vorhandenen Kennwerten, mit extrahierten Kennwerten nur aus dem Zeitbereich und mit Kennwerten nur auf dem Frequenzbereich. Dadurch war es möglich die Vorhersagegenauigkeit der Algorithmen in Abhängigkeit von unterschiedlichen Kennwerte zu bestimmen und zu bewerten, ob beispielweise eine Analyse bzw. Extraktion der Kennwerte des Frequenzbereiches eine Verbesserung der Vorhersagegenauigkeit zur Folge hat oder nicht.

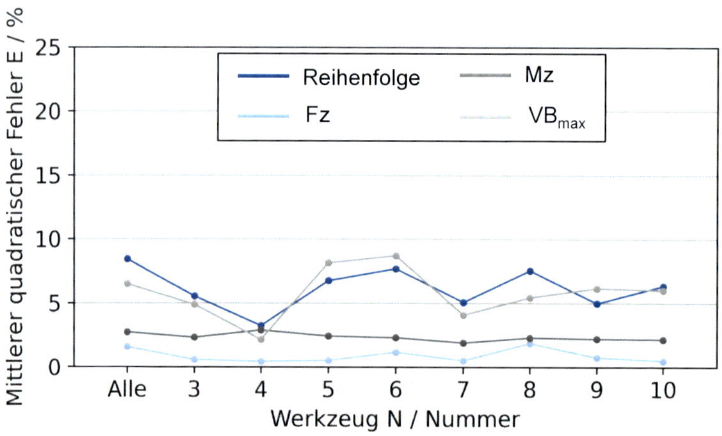

Abbildung 6.6: **Fehler der Vorhersagegenauigkeit unter der Verwendung aller Kennwerte sowie des K-means Algorithmus**

Error of the prediction accuracy using all characteristic values and the K-means algorithm

Abbildung 6.6 stellt den mittleren quadratischen Fehler aller Werkzeuge sowie der einzelnen Werkzeuge dar. Dabei wurden in diesem Fall die Kennwerte aus dem Zeitsignal und aus dem Frequenzsignal verwendet. Die abgebildeten Werte wurden unter der Verwendung des KNN (K nearest neighbour, k-means) Algorithmus erzielt. Die Bezugsgröße Fz wies die geringste Fehlerquote und damit die höchste Vorhersagegenauigkeit auf. Ebenfalls eine sehr gute Vorhersagegenauigkeit konnte für die Vorhersage des Drehmomentes Mz erzielt werden. Da Fz und Mz einen mathematischen Zusammenhang aufweisen, ist diese Erkenntnis stringent. Der mittlere quadratische Fehler bezogen auf den Verschleißzustand weist eine größere Schwankung auf als die Kraft Fz oder das Drehmoment Mz. Über alle eingesetzten Bohrwerkzeuge kann ein mittlerer Fehler von 6 % bestimmt werden. Überraschend erzielt der Vorhersagewert für die Bezugsgröße der Bohrungsreihenfolge den größten durchschnittlichen Fehler.

Vor der Analyse des Einflusses der Algorithmen auf die Vorhersagegenauigkeit der jeweiligen Bezugsgrößen wurde zunächst überprüft, welche Auswirkungen die Art der verwendeten Eingabewerte auf die Vorhersagegenauigkeit aufweisen. Für die Bestimmung der Vorhersagegenauigkeit in Abbildung 6.7 wurden im Gegensatz zu Abbildung 6.6 lediglich Kennwerte aus dem Zeitsignal der aufgezeichneten Körperschallsignale verwendet.

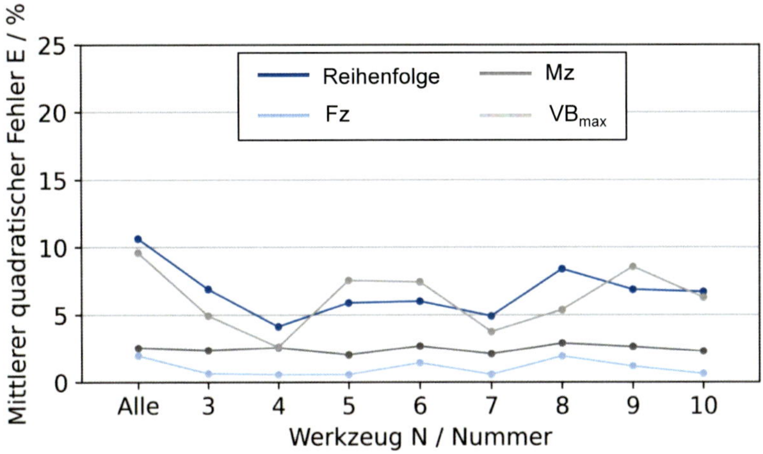

Abbildung 6.7: Fehler der Vorhersagegenauigkeit unter der Verwendung von Kennwerten aus dem Zeitsignal sowie des K-means Algorithmus

Error of the prediction accuracy using time signal characteristic values and the K-means algorithm

Der mittlere quadratische Fehler bezogen auf die Bezugsgrößen Kraft Fz und Drehmomentes Mz wiesen einen nahezu identischen Wert im Vergleich zu der Verwendung aller Kennwerte auf. Die Vorhersage der maximalen Verschleißmarkenbreite weist jedoch die größte Relevanz der ausgewählten Bezugsgrößen auf. Bei der Betrachtung dieser Bezugsgröße fällt auf, dass der mittlere quadratische Fehler unter der Verwendung von Kennwerten lediglich auf dem Zeitsignal des Körperschallsignals deutlich ansteigt. Dieser weist einen Wert von 9,8 % auf, wohingegen der Wert in Abbildung 6.6 bei 6,1 % liegt. Dies ist ein prozentualer Anstieg von 60,6 %. Daher ist es für den weiteren Verlauf der Modellentwicklung von hoher Bedeutung extrahierte Kennwerte aus dem Zeitsignal sowie aus dem Frequenzsignal zu verwenden.

Im Anschluss erfolgte eine detaillierte Analyse der unterschiedlichen Algorithmen mit Bezug auf die Vorhersagegenauigkeit der Bezugsgrößen. Abbildung 6.8 zeigt die Analyse der Vorhersagegenauigkeit bezogen auf die Bezugsgröße Fz bei Anwendung der Algorithmen Entscheidungsbaum (DTR) und K-means Algorithmus.

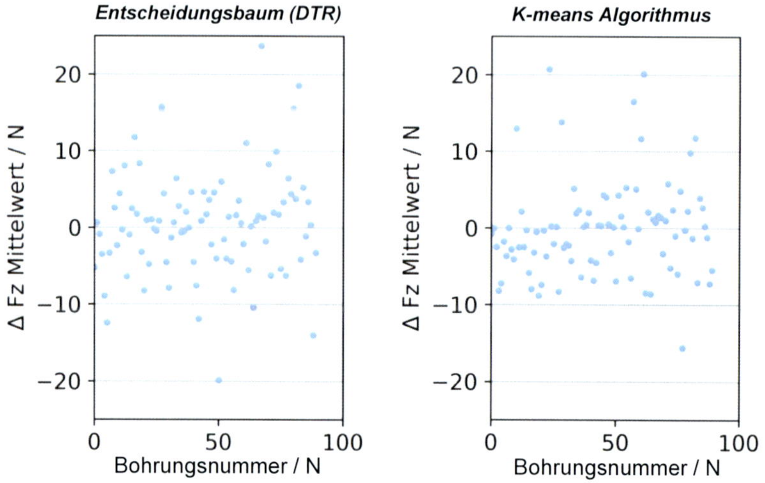

Abbildung 6.8: Analyse der Vorhersagegenauigkeit bezogen auf die Bezugsgröße Fz für Werkzeug 3

Analysis of the prediction accuracy related to the label Fz for tool 3

In der Abbildung ist die Differenz zwischen dem gemessenen Kraftwert und dem durch die Algorithmen vorhergesagten Wert für Werkzeug 3 aufgetragen. Die Differenzwerte des k-means Algorithmus weisen insgesamt eine geringere Streuung auf als die Werte des Entscheidungsbaum Algorithmus. Speziell die Ausreißer im negativen Differenzbereich sind beim k-means Algorithmus weniger häufig vertreten. Bei beiden Algorithmen sind jedoch die meisten Werte in einem Intervall von [-10; 10] N aufzufinden. Dies entspricht bei einer maximalen Axialkraft Fz von ungefähr 1000 N einer Abweichung von lediglich 1 %. Die Art der Diagramme wurde für jeden verwendeten Algorithmus in Kombination mit jeder Bezugsgröße analysiert.

In Abbildung 6.9 sind für die lineare Regression (links) und den Support Vector Machine Algorithmus (rechts) die Ergebnisse bezogen auf den Vorhersagewert der Bezugsgröße VB_{max} dargestellt. Wie in der vorherigen Abbildung ist die Differenz zwischen gemessenen Messwert zum vorhergesagten Wert aufgetragen. Die Differenzwerte beider Algorithmen weisen die größte Häufigkeit im Intervall [-5; +5] µm auf. Tendenziell weisen die vorhergesagten Werte des Support Vector Machine Algorithmus eine geringere Abweichung zum gemessenen Wert auf, was durch die engere Verteilung der Abweichungen um das Nullniveau verdeutlicht wird. Bei der Analyse der Werte der linearen Regression fallen vermehrt Ausreißer (neun Werte) im positiven Bereich im Vergleich zur Support Vector Machine (vier Werte) auf. Die Anzahl an Ausreißern im negativen Bereich sind bei beiden Algorithmen nahezu identisch. Insgesamt kann für die Werte von Werkzeug 3 gesagt werden, dass der Support Vector Algorithmus eine bessere Vorhersagegenauigkeit aufweist als die lineare Regression.

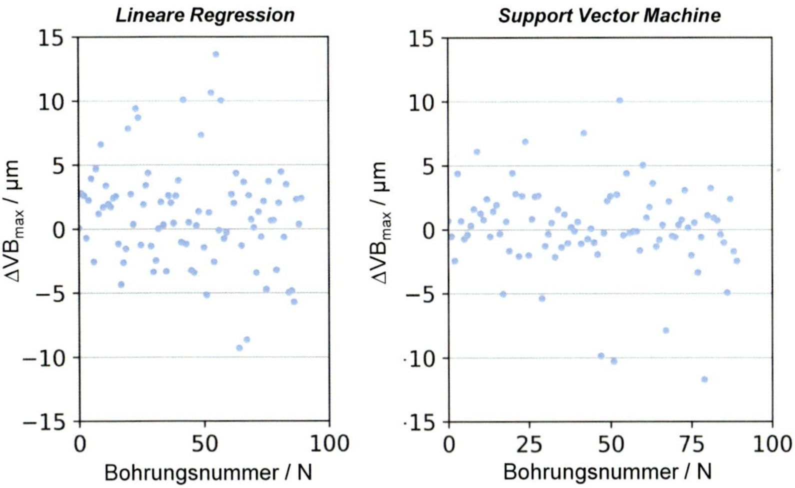

Abbildung 6.9: **Analyse der Vorhersagegenauigkeit bezogen auf die Bezugsgröße VBmax**

Analysis of the prediction accuracy related to the label VBmax

Für eine anschauliche Darstellung der Ergebnisse wurden Histogramme erstellt. Jedes Histogramm beinhaltet die Ergebnisse aller verwendeten Algorithmen. Abbildung 6.10 stellt den mittleren quadratischen Fehler E aller Algorithmen für die Werkzeuge 3 und 4 sowie für die Menge aller Werkzeuge bezogen auf die Prognose der Axialkraft Fz dar.

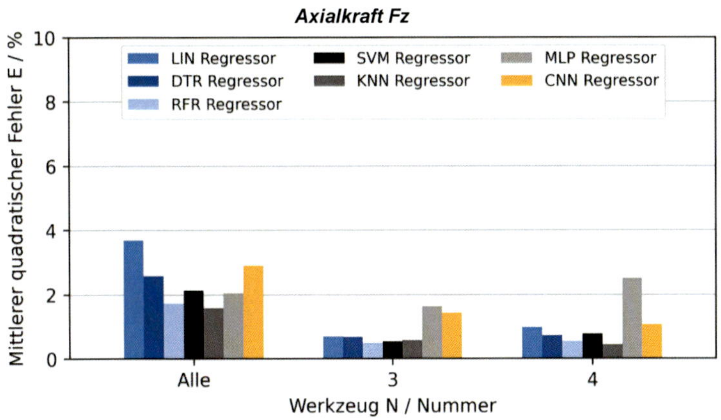

Abbildung 6.10: **Mittlerer quadratischer Fehler der Kraftvorhersage**

Mean square error of force prediction

Wie bereits anhand Abbildung 6.8 erläutert, ist der mittlere quadratische Fehler E bei der Vorhersage der Axialkraft Fz durch den DTR Algorithmus und den K-means Algorithmus minimal. Für die Vorhersage der Axialkraft einzelner Werkzeuge erzielen nahezu alle Algorithmen einen Fehlerwert < 2 %. Lediglich für Werkzeug 4 wurden bei Anwendung des Multi-Layer Regressors ein Wert größer als 2 % erzielt. Sowohl für Werkzeug 3 als auch für Werkzeug 4 zeigte die Random Forest Regression den geringsten Fehlerwert. Dabei wurden die verwendeten Algorithmen mit allen aufgezeichneten Daten, ausgenommen der Daten des jeweiligen Werkzeuges, trainiert. Das Training der Algorithmen zur Bestimmung des mittleren quadratischen Fehlers aller Werkzeuge erfolgte anhand der aufgezeichneten Daten aller Werkzeuge. Stochastisch wurden aus der Datenmenge 20 % unterschiedliche Versuchspunkte entfernt, welche im Folgenden zur Bestimmung des Vorhersagewertes dienten. Dieser Vorgang wurde mehrfach wiederholt. Die in Abbildung 6.10 dargestellten Werte des mittleren quadratischen Fehlers sind die daraus resultierten Durchschnittswerte. Im Vergleich zu den Ergebnissen von Werkzeug 3 und Werkzeug 4 fällt auf, dass sich der Wert des Multi-Layer Regressor Algorithmus auf einem ähnlichen Niveau wie die anderen Algorithmen befindet. Wies die lineare Regression (LIN Regressor) bei Werkzeug 3 und Werkzeug 4 noch einen vergleichbar niedrigen Wert auf, zeigt dieser für alle Werkzeuge den deutlich größten mittleren quadratischen Fehler.

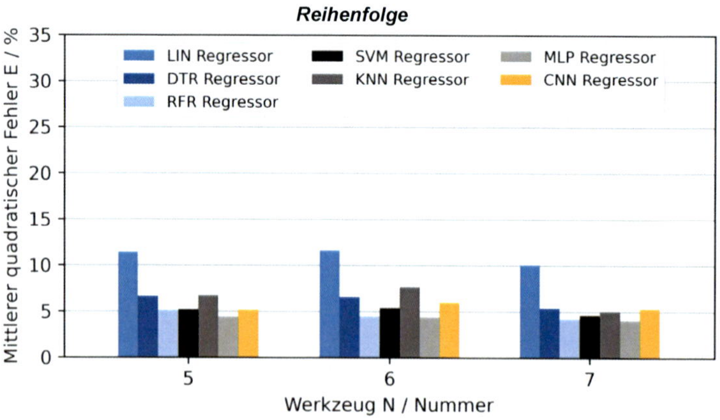

Abbildung 6.11: Mittlerer quadratischer Fehler des Label Reihenfolge

Mean square error of the label sequence

Abbildung 6.11 stellt den mittleren quadratischen Fehler für das Label der Reihenfolge für Werkzeug 5, Werkzeug 6 und Werkzeug 7 dar. Insgesamt kann für alle drei Werkzeuge ein einheitliches Bild der Leistung der Algorithmen festgestellt werden. Den niedrigsten Fehler mit weniger als 5 % Abweichung erzielt für alle drei Werkzeuge, wie bei der Axialkraftvorhersage, der Multi-Layer Regressor. Den höchsten quadratischen Fehler von ≥ 10 % wies die lineare Regression auf. Die weiteren Algorithmen zeigten untereinander geringe Abweichungen. Besonders bei Werkzeug 7 war das Ergebnis der Vorhersage der weiteren Algorithmen auf einem nahezu identischen Wert.

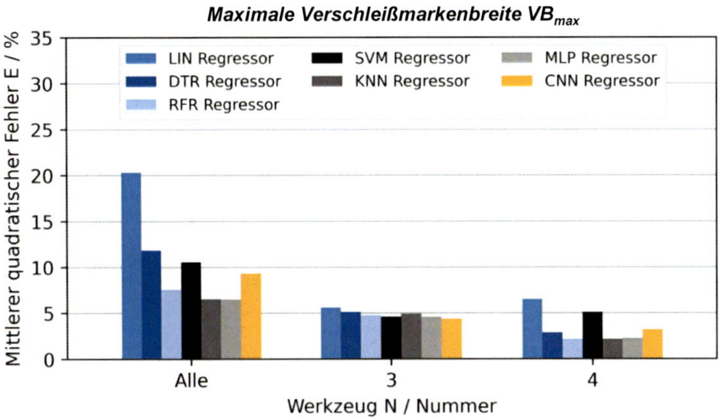

Abbildung 6.12: Mittlerer quadratischer Fehler der Verschleißvorhersage

Mean square error of wear prediction

Wie bereits die Analyse von Abbildung 6.8 und Abbildung 6.9 vermuten ließ, ist der mittlere quadratische Fehler bei der Vorhersage der maximalen Verschleißmarkenbreite VB_{max} im Vergleich zur Vorhersage der Axialkraft Fz für alle unterschiedlichen Algorithmen deutlich höher. Zwar sind in Abbildung 6.8 und Abbildung 6.9 die absoluten Abweichungen für die Vorhersage der Axialkraft sowie für die maximale Verschleißmarkenbreite in einem vergleichbaren Intervall von [-10; +10], jedoch ist der Maximalwert der Axialkraft deutlich höher als der Maximalwert der Verschleißmarkenbreite. Daraus resultiert ein signifikant höherer relativer Fehler. Die Ergebnisse der Verschleißvorhersage für Werkzeug 3, Werkzeug 4 und bezogen auf die gesamte Anzahl aller verwendeten Werkzeuge ist in Abbildung 6.12 dargestellt. Während für Werkzeug 3 nahezu alle verwendeten Algorithmen einen Fehler von ungefähr 5 % aufweisen, zeigt Werkzeug 4 zwei Ausreißer in der Analyse der Algorithmen. Der Support Vector Machine Algorithmus sowie die lineare Regression, weisen im Vergleich zu den anderen Algorithmen einen doppelt so großen Fehler der Vorhersagegenauigkeit auf. Dieses Ergebnis ist für die Daten von Werkzeug 4 charakteristisch. Im Anhang dieser Arbeit sind für die weiteren Werkzeuge die Ergebnisse dargestellt.

Die Auswertung ergab, dass für alle eingesetzten Werkzeuge die lineare Regression den größten Vorhersagefehler aufwies. Dieser liegt bei der Betrachtung aller Werkzeuge bei 20 % und hat nahezu einen im Vergleich zu den anderen Algorithmen um das Doppelte höheren Wert. Die Vorhersagegenauigkeit der Algorithmen bezogen auf die Verschleißmarkenbreite zeigt insgesamt ein sehr ähnliches Bild wie bei der Vorhersage der Axialkraft. Lediglich der Support Vector Algorithmus weist im Vergleich zur Vorhersage der Axialkraft eine erhöhte Fehlerrate auf. Die niedrigste Fehlerrate kann wie in Abbildung 6.10 dem Algorithmus k-nearest Neighbours zugeordnet werden. Dieses Mal jedoch auf dem identischen Niveau wie der Multi-Layer Regressor Algorithmus.

6.3 Modellvalidierung

Validation of the developed model

Für die Validierung des Modelles wurden die in Kapitel 6.1 beschriebenen Ergebnisse zusammengefasst und erneut analysiert. Dabei wurden mit Hilfe des Modells für jedes Werkzeug die Verschleißvorhersagewerte jeder Bohrung bestimmt. Für die Verschleißvorhersage wurden erneut die Ergebnisse unterschiedlicher Algorithmen sowie unterschiedlicher Trainingsdaten (aus dem Zeitbereich, aus dem Frequenzbereich sowie aus beiden Bereichen) bestimmt. Zudem wurde die Leistungsfähigkeit des Modells in Abhängigkeit von der Anzahl der zusätzlich dem Modell zur Verfügung gestellten gemessenen Verschleißwerte der jeweiligen Werkzeuge bewertet.

Abbildung 6.13 stellt die Verschleißvorhersageergebnisse des Modells in Abhängigkeit von der Anzahl der dem Modell gegebenen gemessenen Verschleißwerte dar. Die dargestellten Ergebnisse sind die Vorhersagewerte für das Werkzeug 3. Der Algorithmus wurde im Vorfeld mit den Daten der restlichen Werkzeuge trainiert. Der verwendete Algorithmus in diesem Fall war der Algorithmus k-nearest neighbours. Die hellblauen Werte in den jeweiligen Diagrammen entsprechen den gemessenen realen Werten der maximalen Verschleißmarkenbreite nach der entsprechenden Bohrung. Die schwarzen Werte repräsentieren die durch den Algorithmus vorhergesagten Werte von VB_{max}, welche auf der Basis der extrahierten Kennwerte der aufgenommenen Körperschallsignale der zugehörigen Bohrung und des antrainierten Modells bestimmt wurden. Es wurden nur aufgenommene Daten aus dem Zeitbereich verwendet. Die Ergebnisse zur Erzeugung von dem Diagramm oben links in Abbildung 6.13 (a) wurden ohne Zugabe von gemessenen Verschleißwerten für Werkzeug 3 erstellt. Bei Diagramm (b) wurden den Trainingsdaten für das Modell für die ersten 20 Bohrungen des Werkzeugs 3 die zugehörigen Verschleißwerte hinzugefügt. Für die Generierung der Verschleißvorhersagewerte für Diagramm (c) wurden die gemessenen Werte der Verschleißmarkenbreite VB_{max} der ersten 50 Bohrungen den Trainingsdaten hinzugefügt und für die Erzeugung von Diagramm (d) wurden weitere 20 gemessene Verschleißwerte ergänzt, so dass die Datenbasis der Trainingsdaten um insgesamt 70 Werte des Werkzeugs 3 erweitert wurde.

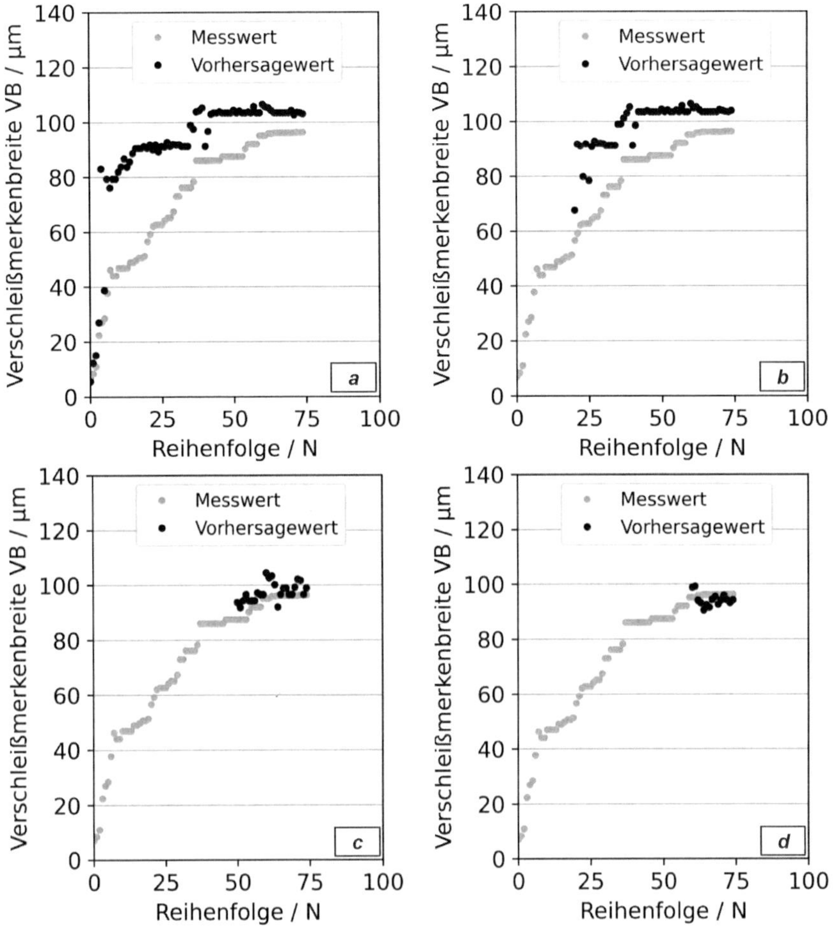

Abbildung 6.13: Analyse des Einflusses der Anzahl von vorgegebenen Verschleißmessungen auf das Modellergebnis

Analysis of the influence of the number of specified wear measurements on the model result

Der Vorhersagewert der maximalen Verschleißmarkenbreite VB_{max} der ersten fünf Bohrungen in Diagramm (a) der Abbildung 6.13 ist nahezu identisch zu dem gemessenen Wert. Danach ist eine deutliche Abweichung des Vorhersagewertes mit dem gemessenen Wert zu erkennen. Besonders im Bereich zwischen Bohrung 6 und Bohrung 47 ist diese Abweichung ersichtlich. Die prozentuale Abweichung ist in diesem Bereich zwischen 22 % und 95 %. Nach Bohrung 46 ist die Abweichung zwischen Vorhersagewert und gemessenem Wert geringer, dennoch zeigt der Vorhersagewert in diesem Bereich ein konstantes Verhalten, welches nicht dem realen Verlauf der Entwicklung der Verschleißmarkenbreite entspricht.

Durch die Hinzufügung der Verschleißinformationen der ersten 20 Bohrungen konnte nahezu keine Reduktion der Abweichung zwischen Vorhersage- und Messwert der maximalen Verschleißmarkenbreite erzielt werden. Der annähernd konstante Vorhersagewert im letzten Drittel der Bohrungen konnte durch die Erweiterung der Testdaten nicht verändert werden und weist einen nahezu identischen Verlauf im Vergleich zu Diagramm a) auf. Dieser Sachverhalt ändert sich bei der Hinzunahme weiterer Verschleißmessungen in den Trainingsdatensatz. In Diagramm (c) der Abbildung 6.13 wurden die Verschleißinformationen der ersten 50 Bohrungen in den Testdatensatz ergänzt. Es ist deutlich zu erkennen, dass die Vorhersagewerte der restlichen Bohrungen keinen konstanten Wert mehr annehmen. Des Weiteren ist die prozentuale Abweichung zwischen Vorhersage- und Messwert signifikant reduziert worden. Eine leichte Streuung inklusive einem alternierenden Verhalten der Vorhersagewerte, welches keinem reellen Verschleißentwicklungsverhalten entspricht, ist jedoch detektierbar. Bei einer Ergänzung der Trainingsdaten um weitere 20 Verschleißinformationen für Werkzeug 3, welches in Summe 70 ergänzten Datensätzen entspricht, ist zu erkennen, dass nicht nur die Abweichung zwischen Vorhersage- und Messwert, sondern auch das Verhalten der Verschleißentwicklung sich verändert haben. Bis auf die Vorhersagewerte für Bohrung 71 und 72 zeigen die weiteren Vorhersagewerte einen nahezu identischen Wert gegenüber dem Messwert sowie eine ansteigende Entwicklung. Dies repräsentiert eine reale Verschleißentwicklung aller dargestellten Kurven am ehesten.

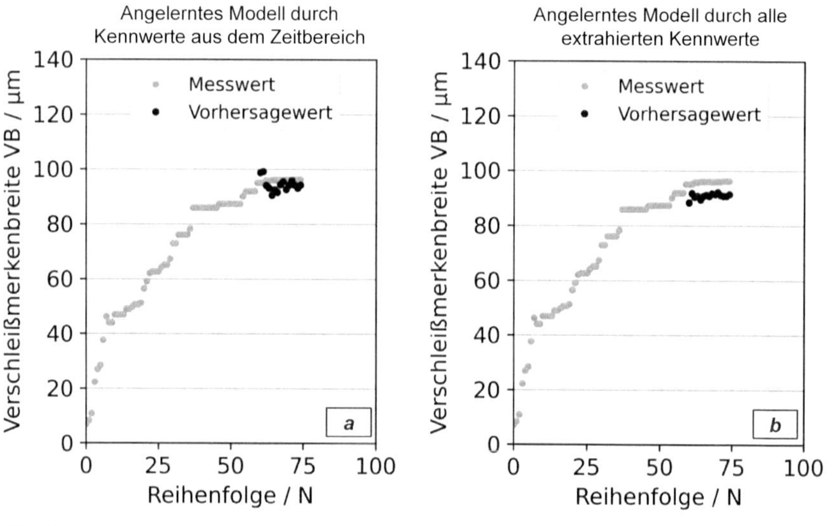

Abbildung 6.14: Vorhersagewerte von VB in Abhängigkeit unterschiedlicher angelernter Modelle

Predictive values of VB depending on different learned models

Wie bereits im Verlauf dieser Arbeit zur Bestimmung der Kennwerte der Einfluss unterschiedlicher verwendeter Daten beschrieben, zeigt Abbildung 6.14 die Vorhersagewerte von VB zweier unterschiedlich angelernter Modelle. Das linke Diagramm ist aus Abbildung 6.13 bekannt und wurde aus Kennwerten des Zeitbereiches angelernt. Kennwerte aus dem Zeitbereich sowie aus dem Frequenzbereich wurden für das Anlernen des Modells zur Erzeugung des rechten Diagramms verwendet. Zunächst ist auffällig, dass die Vorhersagewerte von VB beider Modelle den Messwert unterschätzen. Während im linken Diagramm eine durchschnittliche Abweichung von 4,1 % vorliegt, weist das rechte Diagramm eine durchschnittliche Abweichung von 5,7 % auf. Dies lässt zunächst erahnen, dass die Verwendung von Kennwerten aus dem Frequenzbereich keinen Mehrwert eher sogar eine höhere Fehleranfälligkeit des Modells verursacht. Bei der Betrachtung der Entwicklung der Vorhersagewerte von VB ist demgegenüber zu erkennen, dass im linken Diagramm die Werte keinem Trend folgen und die Vorhersagewerte die Messwerte sowohl überschätzen und unterschätzen. Da der Wert der maximalen Verschleißmarkenbreite in der Realität mit steigender Einsatzdauer nur ansteigen kann, entspricht dies keinem natürlichen Verhalten. Die Entwicklung der Vorhersagewerte von VB des mit allen Kennwerten angelernten Modells zeigt jedoch ein deutlich realistischeres Verhalten. Es ist, bis auf einen erkennbaren Ausreißer, ein nahezu kontinuierlich geringer Anstieg der Vorhersagwerte erkennbar. Dies lässt auf ein robustes Modell schließen. Basierend auf den beiden dargestellten Diagrammen kann noch keine Entscheidung bezüglich einer notwendigen Integration der Kennwerte aus dem Frequenzbereich in ein Modell getroffen werden. Eine weiterführende Diskussion wird daher im Verlauf dieser Arbeit erfolgen.

6.3.1 Analyse des Einflusses des Freiflächenverschleiß auf das Modellergebnis

Analysis of the influence of the width of flank wear land on the model result

In diesem Kapitel werden die Modellergebnisse in Bezug auf den Freiflächenverschleiß der jeweiligen Werkzeuge analysiert. Für eine bessere Argumentationsgrundlage sind in der folgenden Tabelle die maximalen Verschleißmarkenbreiten der jeweiligen Werkzeuge dargestellt, welche bereits in Kapitel 5 vorgestellt wurden.

Tabelle 6.1: Versuchswerkzeuge mit maximaler Verschleißmarkenbreite und Vorhersagefehl (E)

Test tools with width of flank wear land and prediction error (E)

WZ-Nr.	WZ3	WZ4	WZ5	WZ6	WZ7	WZ8	WZ9	WZ10
VB_{max} [µm]	95	110	72	83	99	100	52	105
E_{min}	4,9 %	2,2 %	5,1 %	6,2 %	4,1 %	3,9 %	5,2 %	5,4 %
E_{max}	5,1 %	5,8 %	12,6 %	16,1 %	7,5 %	7,8 %	11,3 %	11,2 %

Zudem beinhaltet die Tabelle 6.1 die minimalen sowie die maximalen Vorhersagefehler der Algorithmen für jedes Werkzeug. Für eine vereinfachte Darstellung wurde der Algorithmus, der den minimalen oder maximalen Vorhersagefehler verursacht hat, in dieser Tabelle nicht berücksichtigt. Diese Informationen sind für die weitere Analyse in diesem Fall nicht erforderlich.

Zu Beginn stehen im Besonderen die Modellergebnisse von Werkzeug 5, Werkzeug 6 und Werkzeug 9 im Fokus der Diskussion, da diese die geringsten Werte des Freiflächenverschleißes aufweisen. Zunächst kann festgestellt werden, dass die Werkzeuge mit dem geringsten Freiflächenverschleiß bei dem minimalen Vorhersagefehler sowie bei dem maximalen Vorhersagefehler die größten Fehlerwerte aufweisen, wodurch eine Korrelation zwischen dem Freiflächenverschleiß und dem Modellergebnis gegeben ist. Diese Erkenntnis konnte bereits durch die Vorversuche bestätigt werden und ist eine logische Konsequenz aus der wissenschaftlichen Fragestellung dieser Arbeit, ob es möglich ist, eine Korrelation zwischen dem Körperschallsignal und dem Freiflächenverschleiß des Werkzeuges abzuleiten. Ein geringerer Freiflächenverschleiß bedeutet im Umkehrschluss ein schneidschärferes Werkzeug, welches demzufolge geringere Reibeffekte sowie Anomalien im Prozess erzeugt, die durch den Körperschallsensor detektiert werden könnten. Für den Algorithmus ist es daher schwieriger, aus einer identischen Datenmenge mit einer reduzierten Anzahl von markanten, mit dem Freiflächenverschleiß korrelierenden Phänomenen im Signal, einen korrekten Vorhersagewert zu definieren.

Eine Aussage „Je größer der Freiflächenverschleiß, desto geringer der Vorhersagefehler des Algorithmus" kann nicht direkt daraus abgeleitet werden. Bei einem Vergleich zwischen Werkzeug 6 und Werkzeug 9 fällt auf, dass Werkzeug 6 relativ zu Werkzeug 9 einen 59,6 % höheren Freiflächenverschleiß aufweist und trotzdem teils deutlich höhere Vorhersagefehler der Algorithmen erzielt. Besonders auffällig ist der Vergleich zwischen Werkzeug 9 und Werkzeug 10. Werkzeug 9 mit dem geringsten maximalen Freiflächenverscheiß von VB_{max} = 52 µm und Werkzeug 10 mit dem zweithöchsten maximalen Freiflächenverschleiß von VB_{max} = 105 µm erzielen nahezu identische Vorhersagewerte bezogen auf alle eingesetzte Algorithmen. Diese Analyse zeigt, dass nicht nur der Wert des maximalen Freiflächenverschleißes Einfluss auf das Vorhersageergebnis der Algorithmen nimmt, sondern dass weitere Einflussgrößen untersucht werden müssen. Wie bereits im Verlauf dieser Arbeit diskutiert, kam es während der Versuchsdurchführung zu dem Phänomen der Aufbauschneidenbildung. Ein möglicher Einfluss der Aufbauschneidenbildung auf das Modellergebnis wird im Folgenden diskutiert.

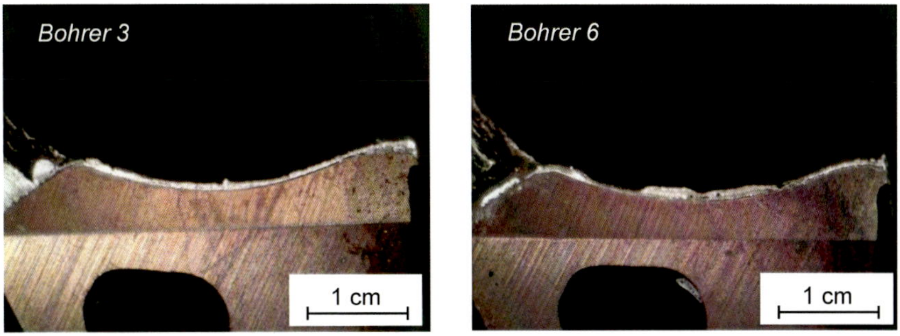

Abbildung 6.15: Freiflächenverschleiß für die Bohrwerkzeuge 3 und 6

Width of flank wear land for drilling tool 3 and 6

Der eingesetzte Werkstoff TiAl6V4 wurde bereits in Kapitel 4 im Detail beschrieben. Dabei wurde besonders herausgestellt, dass es sich bei diesem Werkstoff um einen mehrphasigen Werkstoff der Gruppe der α+β-Titanlegierung handelt. Speziell die weiche und duktile β-Phase neigt zu Verklebungen. Im Zusammenspiel mit den für den Bohrprozess charakteristischen Eigenschaften, beispielsweise einer hohen Normalspannung sowie einer Schnittgeschwindigkeit im Zentrum des Bohrwerkzeuges von $v_c = 0$, ist eine Auftretenswahrscheinlichkeit des Phänomens der Aufbauschneidenbildung erhöht.

Bei einer Analyse der aufgezeichneten Bilder des USB-Mikroskops, welches im Maschineninnenraum installiert war und nach jedem Zerspanversuch ein Bild beider Hauptschneiden gemacht hat, sowie des Messmikroskops der Firma Keyence ergab sich abhängig vom Bohrwerkzeug eine unterschiedliche Auftretenswahrscheinlichkeit von Aufbauschneidenbildungen. In Abbildung 6.15 sind exemplarisch ein Bild für Bohrer 3 und Bohrer 6 dargestellt. Die Schneidkante von Bohrer 3 weist in diesem Fall nahezu keine Materialanhaftungen auf, wohingegen an der Schneidkante von Bohrer 6 Aufschmierungen deutlich zu detektieren sind. Bei der Analyse der Bildreihenfolge konnte festgestellt werden, dass für Bohrer 3 weniger Bildaufnahmen vorhanden sind, welche Materialanhaftungen bzw. Aufbauschneiden besitzen, als für Bohrer 6.

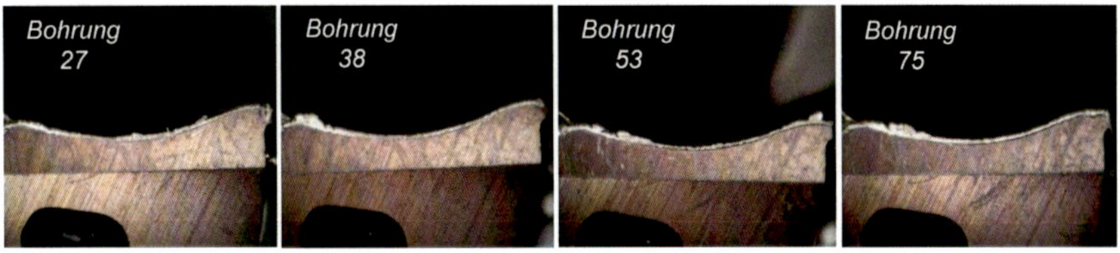

Abbildung 6.16: Bildaufnahmen mit Aufbauschneidenbildung von Werkzeug 6

Images taken showing build-up edge formation of tool 6

Abbildung 6.16 beinhaltet eine Auswahl an Bildaufnahmen für Werkzeug 6 auf denen Materialanhaftungen bzw. Aufbauschneiden erkennbar sind. Dabei ist auffallend, dass die Materialanhaftungen vermehrt Richtung Bohrwerkzeugzentrum zu detektieren sind. Die Differenz der maximalen Verschleißmarkenbreite von Bohrer 3 und Bohrer 6 beträgt ΔVB_{max} = 12 µm. Dies ist zwar kein zu vernachlässigender Wert, bedenkt man jedoch, dass Bohrer 6 von allen eingesetzten Werkzeugen den größten maximalen Fehler der Vorhersagewerte aufweist und Bohrer 3 den geringsten maximalen Fehler aller Werkzeuge besitzt, ist damit eindeutig feststellbar, dass die häufiger aufgetretene Ausbildung des Phänomens der Aufbauschneidenbildung einen Einfluss auf das Ergebnis der angewendeten Algorithmen ausübt.

Inwiefern die Aufbauschneidenbildung Einfluss auf das Vorhersageergebnis nimmt, kann final nicht geklärt werden. Da eine Materialanhaftung zumeist bei einem erneuten Eintreten der Schneide in den Werkstoff entfernt wird, kann diese annähernd keinen Einfluss auf die Kennwertbildung nehmen. Zumal die Kennwerte, wie in Kapitel 5 beschrieben, aus Signalen bestimmt werden, welche einen definierten zeitlichen Versatz zum Start der Messung haben. Dies schließt einen direkten Einfluss der Aufbauschneidenbildung auf die aufgenommenen Signale nahezu aus. Einen Einfluss auf die exakte Bestimmung der maximalen Verschleißmarkenbreite VB_{max} und dadurch eine Beeinflussung des Trainings der Algorithmen sowie eine Auswirkung auf die Bestimmung der Verschleißmarkenbreite anhand der aufgezeichneten Körperschallsignale, kann das Auftreten der Aufbauschneidenbildung aber verursachen.

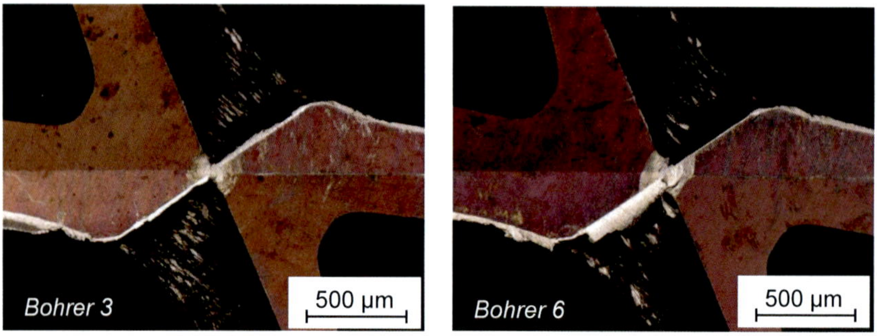

Abbildung 6.17: Darstellung der Querschneiden von Bohrer 3 und 6

Images of the chisel edge of tool 3 and 6

Obwohl in dieser Arbeit die Analyse des Einflusses des Freiflächenverschleißes auf das Körperschallsignal im Fokus stand, wurde, ausgelöst durch die in diesem Kapitel vorgestellten Ergebnisse, ebenfalls der Verschleißzustand der Querschneiden der jeweiligen Werkzeuge analysiert. Abbildung 6.17 stellt die Verschleißzustände der Querschneiden von Bohrer 3 und Bohrer 6 dar. Im Vergleich zur Querschneide von Bohrer 3 sind an der Querschneide von Bohrer 6 deutlich größere Ausbrüche zu erkennen. Durch diese Ausbrüche entstehen in der Zerspanzone unterschiedliche Reibeffekte bzw. tribologische Zustände. Dies führt zu einer Beeinflussung des Körperschallsignals, da neue Frequenzbänder emittiert werden.

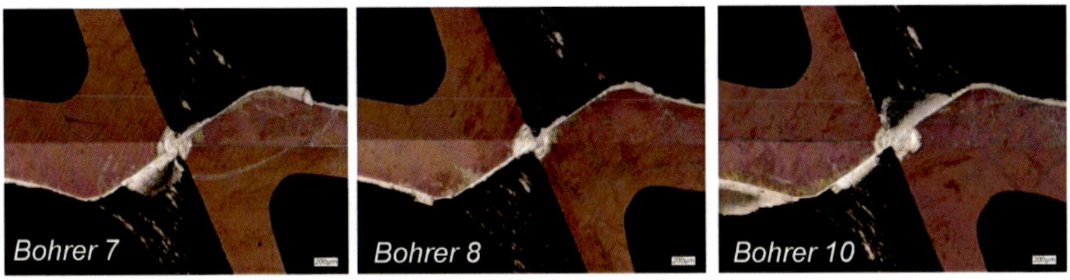

Abbildung 6.18: Darstellung der Querschneiden von Bohrer 7,8 und 10

Images of the chisel edge of tool 7, 8 and 10

Einen Einfluss des Zustandes der Querschneide auf das Vorhersageergebnis geht ebenfalls aus der Abbildung 6.18 hervor. Bohrer 8 und Bohrer 10 weisen eine Differenz der maximalen Verschleißmarkenbreite von lediglich ΔVBmax = 5 µm auf, wobei Bohrer 10 zudem den größeren Wert der beiden besitzt. Trotzdem sind die Vorhersageergebnisse der Algorithmen für Bohrer 8 signifikant präziser als für Bohrer 10. Bei Betrachtung der Abbildung 6.18 verfügt Bohrer 8 über eine deutlich intaktere Querschneide als Bohrer 10, welcher, wie Bohrer 6, eine Querschneide mit Ausbrüchen besitzt. Daher wäre ein folgerichtiger Ansatz zur Optimierung des Modells, Datensätze zum Zustand der Querschneide des Bohrwerkzeuges in die Betrachtung mit einfließen zu lassen. Dieser Ansatz wird in Kapitel 7 diskutiert.

6.4 Zusammenfassung und Zwischenfazit

Summary and interim conclusion

In diesem Kapitel wurden die Ergebnisse der verwendeten Algorithmen bezogen auf die Vorhersagegenauigkeit unterschiedlicher Bezugsgrößen vorgestellt und diskutiert. Insgesamt wurden die Algorithmen auf vier unterschiedliche Bezugsgrößen (die Bohrungsreihenfolge, die Kraftkomponente in z-Richtung, das Drehmoment und die maximale Verschleißmarkenbreite) trainiert und angewendet. Die Vorgehensweise des Antrainierens der Algorithmen wurde im Detail dargestellt. Es wurden sechs unterschiedliche Algorithmen des maschinellen Lernens auf ihre Anwendbarkeit hin untersucht. Die Vorhersagewerte der Algorithmen bezogen auf die Bezugsgröße der Kraftkomponente in z-Richtung wiesen eine sehr geringe Fehlerrate auf. Zur Freiflächenverschleißvorhersage konnten ebenfalls teils sehr geringe Fehler von < 5 % je Werkzeug und verwendetem Algorithmus erzielt werden. Eine Abweichung von unter 5 % kann in einen Bereich eines manuellen Messfehlers klassifiziert werden und ist daher für eine industrielle Anwendung geeignet.

Insgesamt kann festgehalten werden, dass geringere Fehlerraten erzeugt wurden, wenn dem Datensatz die Daten von einem Werkzeug entnommen wurden, die Algorithmen mit dem restlichen Datensatz der Versuchsreihe trainiert wurden. Anders war es bei der Entnahme zufällig ausgewählter Datenpunkte aus der gesamten Datenmenge aller Werkzeuge.

In einem weiteren Schritt wurden bereits Ansätze zur Optimierung der Leistung der Algorithmen konkret benannt. Wie in Kapitel 6.3 herausgearbeitet, kann die Fehlerrate der Algorithmen durch eine Ergänzung der Trainingsdatensätze mit Stützwerten des zu überwachenden Werkzeuges signifikant reduziert werden. Neben der Reduzierung der Fehlerrate konnte ebenso die Entwicklung des Verschleißzustandes einem reellen Verlauf angepasst werden. Bei der Diskussion der Ergebnisse der unterschiedlichen Werkzeuge konnte der Freiflächenverschleiß als Haupteinflussgröße auf das Körperschallsignal definiert werden. Ein hoher Messwert des Freiflächenverschleißes resultiert tendenziell in einer geringeren Fehlerrate der eingesetzten Algorithmen. Für eine ganzheitliche Betrachtung der Einflussgrößen auf das Körperschallsignal muss zudem der Zustand der Querschneide des Werkzeuges berücksichtigt werden.

7 Übertragung der Erkenntnisse auf eine industrielle Anwendung

Transfer of the findings to an industrial application

Im folgenden Kapitel werden die gewonnen Erkenntnisse der vorangegangenen Untersuchungen in einen allgemeinen Rahmen übertragen, so dass diese für eine industrielle Anwendung in einer vereinfachten Form übernommen werden können. Dabei werden nicht einzelne Phänomene, welche je nach Zerspanprozess auftreten können, diskutiert, sondern generelle Sachverhalte des Zerspanprozesses diskutiert, so dass die Erkenntnisse allgemein angewendet und als Folge dessen auf unterschiedliche Zerspanprozesse übertragen bzw. angewendet werden können. Abhängigkeiten zwischen Bewertungsgrößen und Prozessgrößen, welche in einstellbare und statistische Größen unterteilt sind, sind in Abbildung 7.1 dargestellt und werden im Folgenden erläutert.

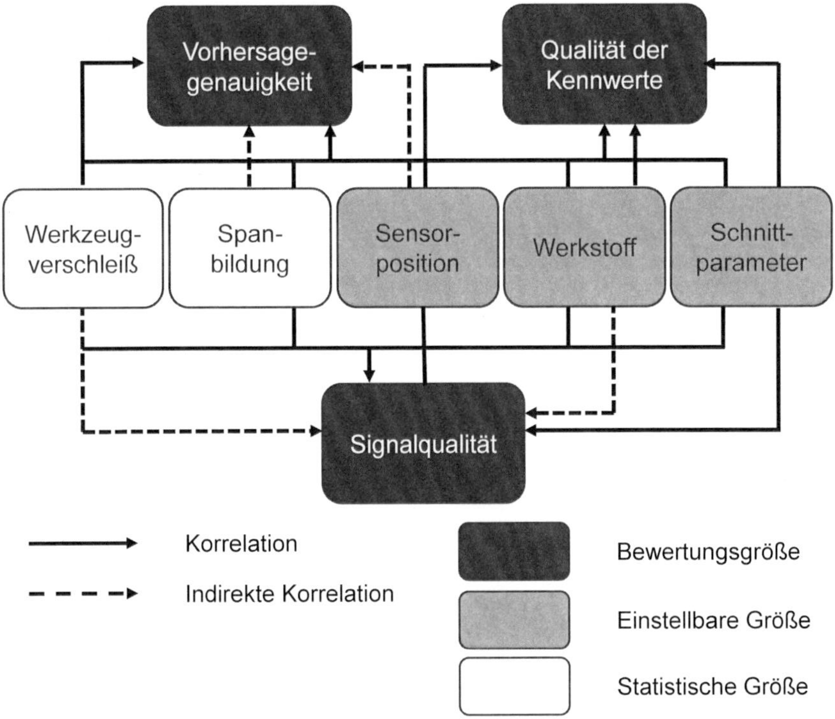

Abbildung 7.1: Abhängigkeitsdiagramm zwischen Bewertungsgrößen und Eingangsgrößen

Dependency diagram between reference variables and input variables

Abgebildet sind drei Bewertungsgrößen. Die Vorhersagegenauigkeit bezieht sich dabei auf die Leistungsfähigkeit der angewendeten Algorithmen des maschinellen Lernens und wurde bereits im vorangegangenen Kapitel ausführlich diskutiert. Als weitere

Bezugsgröße ist die Qualität der Kennwerte sowie die generelle Signalqualität dargestellt. Die Bedeutung der verwendeten Daten zum Training der maschinellen Algorithmen wurde in Kapitel 4 hergeleitet. Nur mit geeigneten Trainingsdaten ist es möglich robuste Modelle zu erzeugen. In der Mitte des Diagramms sind fünf Prozessgrößen dargestellt. Die einstellbaren Prozessgrößen sind die Prozessparameter, der Werkstoff und die Sensorposition. Alle dieser drei Prozessgrößen wurden in den vorgestellten Zerspanexperimenten variiert und diskutiert. Als statistische Prozessgrößen sind der Werkzeugverschleiß und die Spanbildung aufgelistet. Selbst bei identischen Prozessparametern unterliegt der Werkzeugverschleiß statistischen Schwankungen. Der Spanbildung können hier unterschiedliche Phänomene wie beispielsweise die Aufbauschneidenbildung oder die Spanform zugeordnet werden.

Die Schnittparameter haben zu allen drei Bewertungsgroßen eine direkte Korrelation. Dies geht zunächst daraus hervor, dass für die Generierung von geeigneten Trainingsdaten ausreichende Datensätze zu unterschiedlichen Verschleißzuständen vorliegen müssen. Schnittparameter, welche einen zu stark ansteigenden Verschleiß als Folge haben oder sogar zu Ausbrüchen an der Werkzeugschneide führen, beeinflussen die Vorhersagegenauigkeit der Algorithmen und sind für die Generierung von Trainingsdaten nicht geeignet. Somit bilden die Schnittparameter eine unmittelbare Korrelation zur Qualität der erzeugten Kennwerte sowie der Vorhersagegenauigkeit. Ein fehlerhaft eingestellter Zerspanprozess kann zudem die Signalqualität beeinflussen, beispielsweise durch das Auftreten von Rattereffekten.

Der Werkstoff weist eine direkte Korrelation zur Vorhersagegenauigkeit und zur Qualität der Kennwerte auf. Ein Effekt, der sich je nach Werkstoff und Schnittparameter einstellen kann, ist die Bildung von Aufschmierungen. Dies kann im äußersten Fall z.B. beim Bohrprozess zu einem Werkzeugbruch führen. Bezogen auf die Bildung von Trainingsdaten für maschinelle Algorithmen können Aufschmierungen die Bestimmung des Verschleißzustandes, in diesem Fall die Bestimmung des maximalen Freiflächenverschleißes, erschweren und beeinflussen. Ein fehlerhaft bestimmter Freiflächenverschleiß führt zu einem inkorrekten Modell, wodurch die Vorhersagegenauigkeit direkt beeinflusst wird.

Die Sensorposition mag zunächst als nicht ausschlaggebend für die Erzeugung einer geeigneten Trainingsdatenbasis erscheinen, hat aber entscheidenden Einfluss auf die Signalqualität sowie auf die Qualität der gebildeten Kennwerte aus den aufgezeichneten Daten. In der Literatur ist bereits bekannt, dass der Sensor möglichst nah an die Zerspanzone angebracht werden muss. Je größer der Abstand zwischen Zerspanzone und Sensor desto mehr wird das Signal gedämpft, und es erschwert die Aufzeichnung charakteristischer Phänomene im Sensorsignal. Durch die in Kapitel 4 vorgestellten unterschiedlichen Versuchsreihen konnte zudem abgeleitet werden, dass die Werkstückgeometrie, z.B. Anzahl an Bohrungen im Werkstück oder die Form des Werkstückgrundkörpers (rund oder rechteckig), und dementsprechend auch die Position des Sensors auf dem Werkstück Einfluss auf das Sensorsignal nehmen.

Ähnlich zur Sensorposition wirkt sich die Spanbildung durch einen direkten Zusammenhang zur Signalqualität und zur Qualität der Kennwerte aus. Die Spanbildung wird den statistischen Größen zugeordnet und kann nicht manuell eingestellt werden. Sie wird jedoch durch die Schnittparameter und den eingesetzten Werkstoff maßgeblich beeinflusst. Der Einfluss der Spanbildung auf die Signalqualität lässt sich dadurch begründen, dass die erzeugten Späne auf das Werkstück, auf das Werkzeug und auf den Sensor treffen können. Je nach Impuls der Späne können so unterschiedliche Effekte z.B. Frequenzen im Körperschallsignal entstehen, welche das Sensorsignal beeinflussen.

Der Werkzeugverschleiß hat keinen direkten Einfluss auf die Signalqualität. Unabhängig vom Freiflächenverschleiß des Werkzeuges können qualitativ hochwertige Daten generiert werden. Für das Training von maschinellen Algorithmen ist es entscheidend, dass Sensorsignale und demzufolge Kennwerte vorliegen, die über das gesamte zu untersuchende Intervall eine Vielzahl möglicher Freiflächenverschleißwerte abdecken. Falls die Algorithmen lediglich mit Sensorsignalen von Werkzeugen mit einem geringen Freiflächenverschleiß trainiert wurden, wird eine Vorhersage der Algorithmen zu hohen Freiflächenverschleißwerten nicht möglich sein. Aus diesem Grund ist der Werkzeugverschleiß die relevante Größe für die Vorhersagegenauigkeit.

Neben den Erkenntnissen zur Versuchsdurchführung bzw. zur Generierung qualitativ hochwertiger Daten ist es für die industrielle Anwendung ebenfalls von entscheidender Bedeutung abzuschätzen, welche Algorithmen des maschinellen Lernens für den jeweiligen Anwendungsfall zweckmäßig sind.

Algorithmus	Komplexität	Trainingszeit	Datensatzgröße	Overfitting
LIN	○	○	○ - ●	◐
KNN	○	●	○ - ◐	◐
DTR	○	○	○ - ●	●
RFR	◐	◐	○ - ●	◐
SVM	●	◐	○	●
CNN	●	●	●	◐

○ Niedrig / Gering ◐ Medium ● Hoch / Groß

Abbildung 7.2: Allgemeine Eigenschaften der verwendeten Algorithmen

General properties of the used algorithms

Abbildung 7.2 stellt allgemeine Eigenschaften der verwendeten Algorithmen dar. Wie im bisherigen Verlauf dieser Arbeit wurden die Namen der Algorithmen in Bezug auf ihren im Englischen geschriebenen Namen abgekürzt. Die Abkürzung KNN steht daher für den Algorithmus k-nearest neighbours und CNN für den Algorithmus Convolutional Neural Network. Die Algorithmen wurden in drei unterschiedliche Klassen (niedrig, medium und hoch) den jeweiligen Eigenschaften (Komplexität, Trainingszeit, Datensatzgröße und Overfitting) zugeordnet.

Wie bereits der Name erschließen lässt, stellt der Algorithmus der linearen Regression einen linearen Zusammenhang zwischen den Variablen her. Demzufolge ist die Komplexität des Algorithmus und die Trainingszeit als gering einzustufen. Ein Vorteil der linearen Regression ist, dass er für kleine als auch für große Datenmengen eingesetzt werden kann. Zudem zeigten die Ergebnisse dieser Arbeit, dass der Algorithmus bei komplexeren Anwendungsfällen zufriedenstellende Vorhersageergebnisse erzielt. Im Vergleich zu den anderen untersuchten Algorithmen wies die lineare Regression zwar die größten mittleren Fehler auf, jedoch durch die geringe Trainingszeit ist die lineare Regression für eine erste Abschätzung bzw. für eine Analyse auf eine bestehende Korrelation geeignet.

Der Algorithmus k-nearest neighbours (KNN) weist ähnliche Eigenschaften zur vorangegangenen linearen Regression auf. Vorteilhaft ist, dass dem KNN Algorithmus Daten kontinuierlich hinzugefügt werden können, ohne dass die Vorhersagegenauigkeit des Algorithmus beeinträchtigt wird. Für große Datenmengen ist der Algorithmus jedoch ungeeignet, da der Aufwand für die Berechnung der Entfernungen zwischen dem neuen Datenpunkt und allen vorherigen Datenpunkten sehr groß ist. Dies beeinträchtigt die Leistung des Algorithmus. Für die in dieser Arbeit vorgestellten Untersuchungen konnte der KNN Algorithmus Vorhersagewerte bezogen auf den maximalen Freiflächenverschleiß von unter 5 % erzielen und stellte damit den geringsten Fehlerwert dar. In Bezug auf die geringe Komplexität ist der KNN Algorithmus für einen industriellen Ansatz daher sehr geeignet.

Ähnlich der linearen Regression zeigte der Lernalgorithmus DTR (Descision Tree Regression) eine tendenziell hohe mittlere Fehlerrate bezogen auf die Vorhersagegenauigkeit. Dennoch sind die Eigenschaften der geringen Komplexität und geringen Trainingszeit und die Anwendbarkeit auf geringe sowie auf große Datenmengen als positive Eigenschaften für einen industriellen Einsatz zu bewerten. Allerdings besteht bei einem Entscheidungsbaum die Gefahr, dass bereits eine kleine Änderung im Datensatz eine große Veränderung in der Struktur des Algorithmus bewirkt und somit zu Instabilitäten des Algorithmus führt.

Die letzten beiden angewendeten und in der Abbildung 7.2 aufgelisteten Algorithmen sind die Support Vector Machine (SVM) und das Convolutional Neural Network (CNN). Beide Algorithmen unterscheiden sich zu den vorangegangenen Algorithmen im Besonderen durch eine hohe Komplexität. Beide Algorithmen wiesen in den vorgestellten Analysen bezogen auf die Vorhersagegenauigkeit des Freiflächenverschleißes nahezu gleiche Ergebnisse auf, konnten hingegen die Fehlerquote des KNN Algorithmus nicht erreichen. Für die Anwendung eines CNN Algorithmus bedarf es hoher Datenmengen, mit denen der Algorithmus trainiert wird. Demzufolge ist die Trainingszeit sehr hoch. Einmal trainiert, sind die Vorhersagen jedoch schnell durchgeführt. Für eine bessere Vorhersagegenauigkeit müsste daher die Datenmenge im Vergleich zu der in dieser Arbeit generierten Datenmenge erhöht werden.

Die vorgestellten allgemeinen Eigenschaften der Algorithmen sollen ein Bewusstsein dafür vermitteln, dass jeder Algorithmus Stärken und Schwächen aufweist und diese für den jeweiligen Anwendungsfall abgewogen werden müssen. Der entscheidende Aspekt ist dabei der konkrete Einsatzbereich und die sich daraus unmittelbar ableitende Maßtoleranz bei seiner Fertigung. Beispielsweise würden geringere Vorhersagegenauigkeit für ein Bauteil mit hohen Maßtoleranzen bereits ausreichen. Wohingegen sicherheitskritische Bauteile aus der Luftfahrt, bei denen der Prozess mit einem Abbruchkriterium versehen ist, eine sehr hohe Vorhersagegenauigkeit benötigen.

Abschließend muss an dieser Stelle diskutiert werden, dass ebenfalls Algorithmen einen sogenannten Bias, eine Verzerrung, aufweisen können. Es ist bekannt, dass selbst der am besten geeignetste Algorithmus, welcher mit ungeeigneten Daten trainiert wurde, zu schlechten Vorhersageergebnissen kommen wird. Verzerrte Daten sind dabei eine der größten Quellen einer Verzerrung des Algorithmus. Dies wird in Abbildung 7.3 dargestellt.

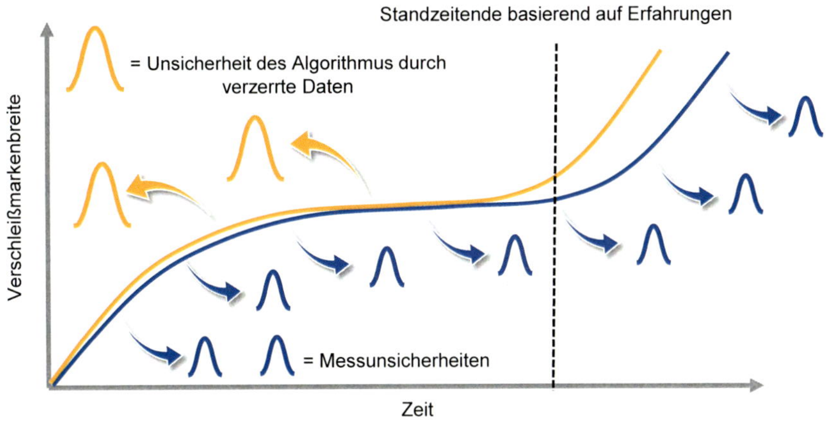

Abbildung 7.3: Einfluss von Unsicherheiten auf das Vorhersageergebnis

Influence of uncertainties on the prediction result

Die blaue Kurve der Abbildung 7.3 ist dabei eine exemplarische Verschleißkurve, welche anhand von manuell durchgeführten Messungen der Verschleißmarkenbreite erstellt wurde. Die jeweiligen Normalverteilungen repräsentieren die Messunsicherheit für jeden aufgezeichneten Messwert. Die orangefarbene Kurve symbolisiert den Verlauf der Verschleißmarkenbreite, bestimmt durch einen antrainierten Algorithmus inklusive Unsicherheiten, vorhergerufen durch verzerrte Daten. Durch das direkte Messen des Verschleißwertes und durch die Verwendung einer Verschleißvorhersage durch Algorithmen, kann das Standzeitende des eingesetzten Werkzeuges verlängert werden. Dies ist durch das dargestellte Standzeitende basierend auf Erfahrungswerten dargestellt.

Die Verzerrung in Algorithmen wird oft durch eine algorithmische Voreingenommenheit herbeigeführt. Dies ist eine negative Folgeerscheinung der Verwendung von Systemen automatischer Entscheidungsfindung im Modellentwicklungsprozess. BÄR definiert im Modellentwicklungsprozess zwei Sachverhalte, welche die Grundlage für Verzerrungen sind: konzeptuelle Verzerrungen und eine unsachgemäße Datenverarbeitung. Die konzeptuelle Verzerrung bezieht sich dabei auf eine verzerrte Darstellung der Realität in den Daten. Eine unsachgemäße Datenverarbeitung beinhaltet die Fehler, welche in der Datenverarbeitung und Kennwertermittlung entstehen und in das Modell eingebracht werden. [BAER22]

8 Zusammenfassung und Ausblick

Summary and Outlook

Zusammenfassung - Die zentrale Zielsetzung dieser Arbeit bestand in der Modellierung des sich anhand Verschleiß zeitlich verändernden Werkzeugzustandes durch Messen von Körperschallsignalen und Auswertung mittels Algorithmen des maschinellen Lernens. Die Forschungsarbeit basiert auf der Hypothese, dass Körperschallsignale mit der Beanspruchung von Bohrwerkzeugen korrelieren und somit eine quantitative Bewertung des sich kontinuierlich verändernden Verschleißzustandes erlauben. Zur Erreichung des Forschungsziels und zur Verifizierung der Forschungshypothese wurden vier Forschungsfragen definiert. Auf die Erkenntnisse der jeweiligen Forschungsfragen der Arbeit wird im Folgenden eingegangen.

Für eine Modellierung des zeitlich verändernden Werkzeugzustandes und eine Auswertung mittels Algorithmen des maschinellen Lernens sind Messsignale, welche von äußeren Umgebungseinflüssen bestmöglich unbeeinflusst sind, von elementarer Bedeutung. Dies schließt Trainingsdaten mit ein. Eine wissenschaftliche Vorgehensweise zur Generierung solcher Messdaten adressierte die Forschungsfrage 1 „*Wie ist die relative Veränderung des Körperschallsignals, hervorgerufen durch einen veränderten Verschleißzustand des Werkzeuges, messbar?*“. Es wurden unterschiedliche Versuchsaufbauten konstruiert und im Nachgang der Versuchsdurchführung die Eignung der Messdaten auf deren Vorhersagegenauigkeit überprüft. Die Versuchsaufbauten unterschieden sich dabei im Besonderen in der Sensorposition sowie in der Geometrie des Werkstückes. Zudem wurde der Ablauf zur Bestimmung des Freiflächenverschleißes des Werkzeuges modifiziert. Dieser wurde von einem kontinuierlichen Ausbau des Werkzeuges zur Vermessung mittels eines Messmikroskops hin zu einer automatisierten Bestimmung des Freiflächenverschleißes durch eine im Bearbeitungsraum integrierte USB-Kamera mit anschließender Bildverarbeitung optimiert. Die Sensorposition wurde im Verlauf der unterschiedlichen experimentellen Zerspanversuche von werkstückseitig auf werkzeugseitig geändert. Dies ging mit einem Wechsel der Werkzeugmaschine einher. Diese Veränderung bewirkte, dass für jeden Versuchspunkt eine konstante Entfernung zwischen Zerspanzone und Sensor vorlag. Des Weiteren wurde für jeden Zerspanprozess ein neues Werkstück angefertigt, so dass beispielsweise Bohrlöcher durch vorangegangene Versuche nicht das Körperschallsignal beeinflussen konnten. Zudem konnte der Einfluss auf das Sensorsignal durch auftreffende Späne auf den Sensor minimiert werden. Diese Erkenntnisse über eine wissenschaftliche Vorgehensweise zur Generierung einer geeigneten Datenbasis diente als Grundlage für die weiteren Untersuchungen dieser Arbeit.

Im nachfolgenden Kapitel 5 wurde Forschungsfrage 2 „*Welche Kennwerte des Körperschallsignals sind für eine Charakterisierung des Verschleißzustandes geeignet?*“ systematisch erforscht. Dabei wurde zunächst erläutert, welche Schritte erforderlich sind, um aus den aufgezeichneten Körperschallsignalen Kennwerte zu extrahieren. Dies beinhaltete die Definition eines Zeitfensters, in welchem der Prozess in einem nahezu stabilen Zustand betrieben wurde, welches die Extraktion der Messsignale des Werkzeugeintritts in das Bauteil und des Werkzeugaustritts zur Folge hatte. Der Freiflächenverschleiß des Werkzeuges war die entscheidende Bezugsgröße, auf welche die Algorithmen des maschinellen Lernens trainiert wurden. Der Ablauf zur Bestimmung des Freiflächenverschleißes nach jedem Versuchspunkt anhand der aufgezeichneten Bilddateien war ein wesentlicher Bestandteil von Kapitel 5. Aufbauend auf der Definition des Zeitfensters wurden Kennwerte extrahiert und auf eine Korrelation zum Freiflächenverschleiß überprüft. Diese Kennwerte wurden aus dem Zeitbereich sowie aus dem Frequenzbereich bestimmt.

Es kann festgehalten werden, dass eine Vielzahl von Kennwerten (z.B. Kurtosiswert der FFT, Median der Signalamplitude oder der Energiewert) eine eindeutige positive oder negative Korrelation zum Freiflächenverschleiß aufweisen. Eine Korrelation zu den Rauheitswerten der Bohrlochinnenseite konnte nicht festgestellt werden.

Forschungsfrage 3 „*Welche Algorithmen des maschinellen Lernens befähigen eine Abschätzung des Verschleißzustandes in Abhängigkeit von den gebildeten Kennwerten?*“ wurde in Kapitel 6 erforscht. Dabei erfolgte zunächst eine Auswahl der zu untersuchenden Algorithmen und im Anschluss eine Bewertung. Alle Algorithmen wurden auf die Bezugsgrößen VB_{max}, Kraftwert in z-Komponente, Drehmoment und Bohrungsreihenfolge trainiert und bewertet. Die Bewertungsgröße wurde durch den mittleren quadratischen Fehler repräsentiert. Das Training der Algorithmen wurde durch die Auswahl der unterschiedlichen Trainingsdaten und unter der Verwendung einer Kreuzvalidierung variiert. Diese Variation erfolgte beispielsweise durch die Zugabe von Daten ausschließlich aus dem Zeitbereich oder durch das Auslassen von Messdaten der Versuche eines Werkzeuges. Zur Freiflächenverschleißvorhersage konnten teils sehr geringe Fehler von < 5 % je Werkzeug und verwendetem Algorithmus erzielt werden. Das Kapitel 6 wurde mit einem Optimierungsansatz, welcher die Zugabe von Stützwerten des zu untersuchenden Werkzeuges beinhaltete, abgeschlossen.

Kapitel 7 beinhaltet Ansätze zur Übertragung der gewonnenen Erkenntnisse in die industrielle Praxis. Dies ist mit Forschungsfrage 4 „*Wie lassen sich die gewonnenen Erkenntnisse in ein verallgemeinertes Modell überführen?*“ im Einklang. Dazu wurden die Erkenntnisse aus den vorangegangenen Kapiteln bzw. Forschungsfragen verallgemeinert und durch ein Korrelationsdiagramm graphisch dargestellt. Dieses Diagramm ist prozessunabhängig.

Als Ergebnis dieser Arbeit liegt ein Leitfaden zur wissenschaftlichen Vorgehensweise zur Generierung und Verarbeitung von geeigneten Messdaten vor, welcher für eine Analyse mittels maschineller Algorithmen geeignet ist und eine Korrelation zum Freiflächenverschleiß des Werkzeuges zeigt. Die Originalität liegt dabei im Versuchsaufbau, welcher die Auswirkung äußerer Einflüsse bestmöglich ausschließt und in der wissenschaftlich strukturellen Vorgehensweise der Analyse der aus dem Körperschallsignal extrahierten Kennwerte sowie der hier vorgestellten Algorithmen des maschinellen Lernens.

Durch die Erkenntnisse aus der Forschungsarbeit ist es möglich anhand von Kennwerten, welche aus dem Körperschallsignal extrahiert wurden, und unter der Verwendung von Algorithmen des maschinellen Lernens den Freiflächenverschleiß des Bohrwerkzeugs vorherzusagen.

Das übergeordnete Forschungsziel wurde erreicht.

Ausblick – Das wissenschaftliche Vorgehen, welches in dieser Arbeit beschrieben wurde, ist aufgrund seiner Grundlagenerkenntnisse prozessunabhängig in zukünftigen Forschungsprojekten anwendbar und erweiterbar. Trotz der bereits gelösten Herausforderungen besteht weiterer Forschungsbedarf. Bei der Durchführung der vorgestellten Zerspanuntersuchungen wurde bewusst auf den Einsatz von Kühlschmierstoff verzichtet. Für eine vollständige Übertragbarkeit und Anwendung in der industriellen Praxis gilt es in einem weiteren Schritt den Einfluss von Kühlschmierstoff auf das Körperschallsignal zu untersuchen. Der Einsatz von Kühlschmierstoff führt unweigerlich zu einer Erhöhung der Standzeit der Werkzeuge, welches einen geringeren Anstieg des Freiflächenverschleißes mit sich führt. Zudem werden Reibeffekte, welche im Körperschallsignal zu erkennen sind und charakteristische Signalspitzen als Folge haben, reduziert. Herausfordernd wird es sein die durch das Auftreffen des Kühlschmierstoffs auf die Zerspanzone entstehenden Frequenzen, welche vom Körperschallsensor detektiert werden, zu identifizieren und im Modell zu eliminieren.

Eine weitere wissenschaftliche Fragestellung ergibt sich durch die Untersuchung der Übertragbarkeit der Erkenntnisse auf einen Zerspanprozess mit unterbrochenem Schnitt. Die Extraktion der Kennwerte wird durch den kontinuierlichen Ein- und Austritt des Werkzeuges erschwert. Zudem beeinträchtigt beispielsweise beim Fräsprozess die höhere Anzahl an Schneiden eine Zuordnung der im Körperschallsignal detektierten Effekte auf die jeweilige Schneide.

Bezogen auf den bereits in Kapitel 6 vorgestellten Optimierungsansatz der Hinzunahme von Datensätzen des zu untersuchenden Werkzeuges gilt es zu überprüfen, inwiefern ein Optimum der Anzahl der hinzugefügten Datensätze gefunden werden kann.

Summary and Outlook

Summary - The main objective of this work was to model the tool condition that changes over time due to wear by measuring acoustic emission signals and evaluating them using machine learning algorithms. The research work is based on the hypothesis that acoustic emission signals correlate with the stress on drilling tools and thus allow a quantitative evaluation of the wear condition changing over time. Four research questions were defined in order to achieve the research objective and verify the research hypothesis. The findings of the respective research questions of the thesis are discussed below.

Measurement signals that are as unaffected as possible by external environmental influences are of fundamental importance for modelling the time-varying tool condition and evaluating it using machine learning algorithms. This includes training data. A scientific approach to generating such measurement data addressed research question 1: "How can the relative change in the acoustic emission signal caused by a change in the wear condition of the tool be measured?". Different test setups were constructed and the suitability of the measurement data was checked for its predictive accuracy after the test was carried out. The test setups differed in particular in the sensor position but also in the geometry of the workpiece. In addition, the procedure for determining the width of flank wear land of the tool was changed. This was optimised from a continuous removal of the tool for measurement using a measuring microscope to an automated determination of the width of flank wear land using a USB camera integrated in the machining area with subsequent image processing. The sensor position was changed from the workpiece side to the tool side in the course of the various experimental machining tests. This was accompanied by a change of the machine tool. This change meant that there was a constant distance between the cutting zone and the sensor for each test point. Furthermore, a new workpiece was produced for each cutting process so that, for example, drill holes from previous tests could not influence the acoustic emission signal. In addition, the influence on the sensor signal caused by chips hitting the sensor was minimised. These findings on a scientific approach to generating a suitable database serve as the basis for further investigations in this thesis.

In the following Chapter 5, research question 2 "Which characteristic values of the acoustic emission signal are suitable for characterising the wear condition?" was systematically investigated. The steps required to extract characteristic values from the recorded acoustic emission signals were first explained. This included the definition of a time frame in which the process is in an almost stable state, which resulted in the extraction of the measurement signals of the tool entry into the component and the tool exit. The width of flank wear land of the tool was the decisive reference value on which the machine learning algorithms were trained. The procedure for determining the width of flank wear land after each test point using the recorded image files was an essential part of Chapter 5. Based on the definition of the time frame, characteristic values were extracted and checked for a correlation in relation to the width of flank wear land. These characteristic values were determined from the time domain and the frequency domain.

It can be stated that a large number of characteristic values (e.g. kurtosis value of the FFT, median of the signal amplitude or the energy value) show a significant positive or negative correlation to the wear condition. A correlation in relation to roughness values on the inside of the borehole could not be determined.

Research question 3 "Which machine learning algorithms are capable of estimating the wear condition depending on the characteristic values generated?" was addressed in Chapter 6. The algorithms to be analysed were first selected and then evaluated. All algorithms were trained and evaluated for the reference variables VB_{max}, force value in z-component, torque and drilling sequence. The evaluation variable was represented by the mean square error. The training of the algorithms was varied by selecting the training data. This variation was achieved, for example, by adding data only from the time domain or by omitting measurement data from the tests of a tool. For the prediction of width of flank wear land, very low errors of < 5 % per tool and algorithm used were achieved in some cases. Chapter 6 was concluded with an optimisation approach, which included the addition of support values for the tool under investigation.

Chapter 7 contains approaches for transferring the knowledge gained to industrial practice. This is in line with research question 4 "How can the knowledge gained be transferred into a generalised model?". To this end, the findings from the previous chapters and research questions were generalised and presented graphically in a correlation diagram. This diagram is process-independent.

The result of this work is a guideline for the scientific procedure for generating and processing suitable measurement data, which is suitable for analysis using machine algorithms and includes a correlation to the width of flank wear land of the tool. The originality is in the experimental setup, which excludes the influence of external influences as far as possible, as well as in the scientific structural approach to analysing the characteristic values extracted from the acoustic emission signal and the machine learning algorithms presented here.

Based on the findings from the research work, it is possible to predict the width of flank wear land of the drilling tool using characteristic values extracted from the acoustic emission signal and machine learning algorithms.

The overall research objective was achieved.

Outlook - The scientific procedure described in this thesis can be applied and expanded in future research projects, regardless of the process, due to its basic findings. Despite the challenges already solved, there is still a need for further research. The use of cooling lubricant was deliberately avoided in the machining tests presented here. For complete transferability and application in industrial practice, the influence of cooling lubricant on the acoustic emission signal must be investigated. The use of cooling lubricant inevitably leads to an increase in the lifetime of the tools, which results in a lower increase in the width of flank wear land. In addition, friction effects, which can be detected in the acoustic emission signal and result in characteristic signal peaks, are reduced. It is challenging to identify the frequencies generated by the impact of the cooling lubricant on the cutting zone, which are detected by the acoustic emission sensor, and to eliminate them in the model.

A further scientific issue arises from the investigation of the transferability of the findings to a machining process with interrupted cutting. The extraction of the characteristic values is made more difficult by the continuous entry and exit of the tool. In addition, the higher number of cutting edges in the milling process, for example, makes it difficult to assign the effects detected in the acoustic emission signal to the respective cutting edge.

In relation to the optimisation approach of adding data sets of the tool to be examined, which was already presented in Chapter 6, it is necessary to investigate how far an optimum of the number of added data sets can be found.

9 Literaturverzeichnis

References

[ABEL10] Abellan-Nebot, J.V.; Subirón, F.R.: A review of machining monitoring systems based on artificial intelligence process models. International Journal of Advanced Manufacturing Technologies 47, S. 237– 257, 2010

[AI12] Ai, C. S.; Sun, Y. J.; He, G. H.; Ze, X. B.; Li, W.; Mao, K.: The milling tool wear monitoring using the acoustic spectrum; The International Journal of Advanced Technology; Nummer 61; S. 457-463; 2012

[AIRB11] Airbus Material Specification AIMS03-18-001, Titanium Alloy (Ti-Al6-V4), Issue 5, 2011

[ALPA04] Alpaydin, E.: Introduction to Machine Learning; The MIT Press, Cambridge, 2004

[ALPA08] Alpaydin, E.: Maschinelles Lernen. 1. Auflage, Oldenbourg Wissenschaftsverlag, München, 2008

[ALTI04] Altintas, Y.; Kirchheim, A.; Klocke, F.; Schmitz, R.; Veselovac, D.: Sensors and Signal Analysis in High Performance Cutting; CIRP 1st Conference on High Performance Cutting, Aachen, 2004, pp. 117 – 136

[ANSI77] N.N.: Standard Definition of Terms Relating zo Acoustic Emission, ASNI/ASTM E 610-77, 1977

[ARNO17] Arnold, F.; Hänel, A; Nestler, A.; Brosius, A.: New Approach for the Determination of Specific Values for Process Models in Machining Using Artifical Neural Networks; Procedia Manufacturing; Vol. 11, S. 1463 – 1470, 2017

[AY19] Ay, M.; Stemmler, S.; Schwenzer, M.; Abel, D.; Bergs, T.: Model Predicctive Control in Milling based on Support Vector Machines; IFAC Papers Online; 52-13; S. 1797- 1802; 2019

[BAER22] Baer, T.: Algorithmic Bias: Verzerrungen durch Algorithmen verstehen und verhindern; Springer Vieweg; 2022

[BERG12] Bergstra, J.; Bengio, Y.: Random Search for Hyper-Parameter Optimization. In: Journal of Machine Learning Research. Vol. 13, 2012, S. 281– 305.

[BIND15] Binder, M.; Klocke, F.; Lung, D.: Tool wear simulation of complex shaped coated cutting tools. In: Wear, vol. 330-331, 2015, S. 600-607

[BIND17] Binder, M.; Mechanismenbasierte Verschleißsimulation zur integrierten Werkzeug- und Prozessauslegung, Dissertation, Aachen 2017

[BOBZ12] Bobzin, K.; Oberflächentechnik für den Maschinenbau. 1. Auflage Weinheim, Bergst: Wiley-VCH, 2012

[BOOS15] Boos, F. D.: Acoustic Emission bei der Maschinen- und Prozessüberwachung: Neue Analysemethoden und Anwendungsgebiete. (Reihe: Aachener Schriften zur Rohstoff- und Entsorgungstechnik des Instituts für Maschinentechnik der Rohstoffindustrie 87). 1. Aufl. Aachen: Dissertation. RWTH Aachen., Zillekens, 2015

[BRIG92] Brigham, E. O.: FFT – Schnelle Fourier-Transformation, 5., verbesserte Auflage, R. Oldenbourg Verlag München, München, 1992

[BYRN07] Byrne, G.; O'Donnell, G.: An Integrated Force Sensor Solution for Process Monitoring of Drilling Operations. CIRP Annals 56 (1), S. 89-92, 2007

[CAGG19] Caggiano, A.: Tool Wear Prediction in Ti-6Al-4V Machining through Multiple Sensor Monitoring and PCA Features Pattern Recognition. Sensors, Volume 18; S. 823 – 837; 2019

[CAYD09] Caydas, U.; Ekici, S.: Support Vector Machines Models for Surface Roughness Prediction in CNC Turning of ALSI 304 austenitic stainless steel; Springer Science + Business Media; 2009

[CHRI84] Christoffel, K.: Werkzeugüberwachung beim Bohren und Fräsen. Dissertation. RWTH Aachen, Aachen, 1984

[CZIC10] Czichos, H; Habig, K.-H.; Triboligie – Handbuch, Tribometrie, Tribomaterial, Tribotechnik. 3. Auflage Wiesbaden: Vieweg + Teubner, 2010

[DADD11] D'Addona, D.; Segreto, T.; Simeone, A.; Teti, R.: ANN tool wear modelling in the machining of nickel superalloy industrial products. CIRP Journal of Manufacturing Science and Technology 4(1), 2011, S. 33–37.

[DENK11] Denkena, B.; Tönshoff, H. K.; Spanen; Berlin, Heidelberg: Springer Berlin Heidelberg, 2011

[DENK19] Denkena, B.; Dittrich, M. A.; Stamm, S. C.; Prasanthan, V.: Knowledge-based process planning for economical re-scheduling in production control. Procedia CIRP 81, S. 980–985, 2019

[DENK20] Denkena, B.; Bergmann, B.; Stiehl. T.: Wear curve based online feature assessment for tool condition monitoring; Procedia CIRP 88, S. 312- 317; 2020

[DEMT08] Demtröder, W.: Experimentalphysik 1 – Mechanik und Wärme; 5., neu bearbeitete und aktualisierte Auflage, Springer Verlag Berlin Heidelberg, 2008

[DERI11] Deris, A. M.; Zain, A. M.; Sallehuddin, R.: Overview of Support Vector Machine in Modeling Machining Performances; International Conference on Advances Engineering; Procedia Engineering, Vol. 24; S. 308 – 312; 2011

[DIN1412] Norm DIN 1412:2001-03: Spiralbohrer aus Schnellarbeitsstahl – Anschliffformen, 2001

[DIN8589-2] Norm DIN 8589-2. September 2003. Fertigungsverfahren Spanen – Teil 2: Bohren, Senken, Reiben. Einordnung, Unterteilung, Begriffe

[DIML00] Dimla, E. D.: Sensor Signals for Tool-wear Monitoring in Metal Cutting: A Review of Methods. In: International Journal of Machine Tools and Manufacture, Vol. 40, 2000, S. 1073-1098.

[DITT20] Dittrich, M.A.; Uhlich, F.: Self-optimizing compensation of surface deviations in 5-axis ball-end milling based on an enhanced description of cutting conditions. CIRP Journal of Manufacturing Science and Technology, 2020

[ECKS15] Eckstein, M.; Mankova, I.; Vrabel, M.; Beno, J.: Comparison of Sensor Sgnal Quality when Drilling Inconel 718. Procedia CIRP, Vol. 33, S. 227-232; 2015

[GERO19] Géron, A.: Hands-On Machine Learning with Scikit-Learn, Keras, and TensorFlow; Second Edition, O'Reilly Media Inc.; Canada, 2019

[GESE02] Gesellschaft für Tribology (GfT): GfT-Arbeitsblatt 7 – Tribology: Definitionen, Begriffe; Prüfungen, 2002

[FAVI20] Favi, C.; Marconi, M.; Mandolini, M.; Germani,M.: Dig data analysis fort he estimation of disassembly time and de-manufacturing activity; 27th CIRP Life Cycle Engineering (LCE) Conference; Procedia CIRP 90; S. 627- 622; 2020

[FRAU18] Fraunhofer-Gesellschaft: Maschinelles Lernen – Eine Analyse zu Kompetenzen, Forschung und Anwendung, Studie, 2018

[FROC19] Frochte, J.: Maschinelles Lernen – Grundlagen und Algorithmen in Python, 2., aktualisierte Auflage, Carl Hanser Verlag, München, 2019

[FU15] Fu, Y.; Zhang, Y.; Qiao, H.; Li, D.; Zhou, H.; Leopold, J.: Analysis of Feature Extracting Ability for Cutting State Monitoring Using Deep Belief Networks; Procedia Cirp; Vol.: 31; S. 29 – 34; 2015

[GAIT11] Gaitonde, V.N.; Karnik, S.R.; Figueira, L.; Davim, J.P.: Performance comparison of conventional and wiper ceramic inserts in hard turning through artificial neural network modeling. International Journal of Advanced Manufacturing Technology 52, 2011, S. 101–114.

[GESC01] Geschke, D.; Ernst, H.; Schenk, P. K.; Schenk, W.: Physikalisches Praktikum. 12. Durchgesehene Auflage, B. G. Teubner, Stuttgart, 2001

[HARR12] Harrington, P.: Machine Learning in Action; Manning Publications Co.; United States of America, 2012

[HEIS14] Heisel, U.; Klocke, F.; Uhlmann, E.; Spur, S.: Handbuch Spanen; Carl Hanser Verlag, München; 2014

[HESS95] Hess, P.: Surface Acoustic Waves. In: Applied Physics, A Materials Science & Processing 61. Nr. 3, 1995, S. 227

[HESS18] Hesse, S.; Schnell, G.: Sensoren für die Prozess- und Fabrikautomation. Funktion – Ausführung – Anwendung, 7. ergänzte und durchgesehene Auflage, Springer Vieweg, Wiesbaden, 2018

[HSUE09] Hsueh, Y. W.; Yang, C. Y.: Tool Breakage Diagnosis in Face Milling by Support Vector Machine; Journal of Material Processing Technology, Vol.: 209; S. 145- 152; 2009

[HUNG12] Hung, C.-H.; Lu, M.-C.: Model development for tool wear effect on AE signal generation in micromilling, The International Journal of Advanced Manufacturing Technology, Nummer 66; s. 1845-1858, 2013

[JIAN10] Jiang, Z.: Intelligent Prediction of Surface Roughness of Milling Aluminium Alloy Based on Least Square Support Vector Machine, IEEE, S. 2672-2876, 2010

[KARA16] Karam, S.; Centobelli, P.; D'Addona, D. M. D.; Teti, R.: Online prediction of cutting tool life in turning via cognitive decision making; Procedia CIRP, Vol. 41, S. 927 – 932; 2016

[KARP01] Karpuschewski, B.: Sensoren zur Prozeßüberwachung beim Spanen, VDI Reihe 2 Nr. 581, VDI Verlag GmbH, Düsseldorf, 2001

[KETT96] Ketteler, G.: Prozessüberwachung mit Acoustic-Emission beim Messerkopfstirnfräsen, Dissertation, RWTH Aachen, 1996

[KIRC95] Kirchheim, A.; Schaffner, G.; Wolfer, P.: Piezoelektrische Sensoren zur kombinierten Messung von Kräften und Acoustic Emission für die Prozeßüberwachung, VDI-Berichte Nr. 1179, 1995, S. 157 – 172

[KISH18] Kishawy, H. A.; Hegab, H.; Umer, U.; Mohany, A.: Application of acoustic emissions in machining processes: analysis and critical review; The International Journal of Advanced Manufacturing Technology; Nummer 98; S. 1391-1407; 2018

[KLUM94] Klumpen, T.: Acoustic Emission (AE) beim Schleifen – Grundlagen und Möglichkeiten der Schleifbranddetektion; Dissertation, RWTH Aachen, 1994

[KLOC18] Klocke, F.; Fertigungsverfahren 1 – Zerspanung mit geometrisch bestimmter Schneide; 9. Auflage; Springer Verlag; Berlin; 2018

[KOHL05] Kohli, A.; Dixit, U.S.: A neural-network-based methodology for the prediction of surface roughness in a turning process. International Journal of Advanced Manufacturing Technology 25, S. 118–129, 2005

[KOHN13] Kohn, W.; Öztürk, R.: Statistik für Ökonomen – Datenanalyse mit R und SPSS; 2. Auflage, Springer Gabler, Springer Verlag, Berlin, 2013

[KUEM15] Kuemmel. J.: Detaillierte Analyse der Aufbauschneidenbildung bei der Trockenzerspanung von Stahl C45E mit Berücksichtigung des Werkzeugverschleißes. Dissertation, Karlsruher Institut für Technologie, 2015

[LENG20] Leng, S.; Wang, Z; Dai, Z.; Chen, G.: Detection of Tool Wear in Drilling CFRP/TC4 Stacks by Acoustic Emission; Journal of Vibration Engineering & Technologies; Nummer 8; S. 463-470; 2020

[LI09] Li, X.; Lim, B.-S.; Zhou, J.-H.; Huang, S.; Shaw, K.-C.; Er, M.-J.: Fuzzy Neural Network Modelling for Tool Wear Estimation in Dry Milling Operation, Annual Conference of the Prognostics and Health Management Society, 2009

[LI20] Li, W. D.; Liang, Y. C.: Deep transfer learning based diagnosis for machining process lifecyle; Procedia CIRP 90; S. 642 – 647; 2020

[LIU19] Liu, M.-K.; Tseng, Y.-H.; Tran, M.-Q.: Tool wear monitoring and prediction based on sound signal; The International Journal of Advanced Manufacturing Technology; Nummer 103; S. 3361-3373, 2019

[LORA19] Lorain, R.; Olivier, L.; Poggi, A.; Valiorgue, F.; Rech, J.: Identification of friction coefficients when drilling titanium TIAl6V4; 17th Conference on Modelling of Machining Operations, Procedia CIRP 82, p. 119-123, 2019

[MAEN01] Männel, S.: Prozeßüberwachung bei der Drehbearbeitung gehärteter Stähle; Dissertation; Hannover, 2001

[MARS15] Marsland, S.: Machine learning: an algorithmic perspective, Chapmann Hall / CRC machine learning & pattern recognition series. Second edition, Boca Raton. CRC Press, 2015

[MEYE11] Meyer, M.: Signalverarbeitung – Analoge und digitale Signale, Systeme und Filter; 6., korrigierte und verbesserte Auflage, Vieweg + Teubner Verlag, Wiesbaden, 2011

[MICH14] Michna, J.: Numerische und experimentelle Untersuchungen zerspanungsbedingter Gefügeumwandlungen und Modellierung des thermo-mechanischen Lastkollektives beim Bohren von 42CrMo4, Dissertation, Karlsruhe, 2014

[MIZU16] Mizutani, Y.: Practical Acoustic Emission Testing, Springer Japan, The Japanese Society for Non-Destructive Inspection, 2016

[MOES10] Möser, M.; Kropp, W.: Körperschall – Physikalische Grundlagen und technische Anwendungen, 3. aktualisierte Auflage, Springer Heidelberg, Heidelberg, 2010

[MOHA17] Mohammed, M.; Khan, M. B.; Bashier, E. B M.: Machine Learning – Algorithms and Applications, Taylor & Francis Group, 2017

[MOHL00] Mohlfeld, A.; Trockenbohren mit PVD-beschichteten Harmetallwerkzeugen; Dissertation; Hannover, 2000

[MONO96] Monostori, L.; Márkus, A.; Van Brussel, H.; Westkämper, E.: Machine learning approaches to manufacturing. CIRP Annals 45(2) S. 675– 712, 1996

[NEUO16] Neugebauer, R., Hippmann, S., Leis, M, Landherr, M.: Industrie 4.0 – From the perspective of applied research; Procedia CIRP, Vol. 57; S. 2 – 7; 2016

[OLSO08] Olson, D. L.; Delen, D.: Advanced Data Mining Techniques. Springer-Verlag Berlin Heidelberg, Heidelberg, 2008

[OPPE04] Oppenheim, A. V.; Schafer, R. W.; Buck, J. R.: Zeitdiskrete Signalverarbeitung, 2., überarbeitete Auflage, Pearson Studium, München, 2004

[PAUC08] Paucksch, E.; Linß, M.: Zerspantechnik: Prozesse, Werkzeuge, Technologen. 12. Aufl. Vieweg + Teubner, Wiesbaden, 2008

[PIME18] Pimenov, D.Y.; Bustillo, A.; Mikolajczyk, T.: Artificial intelligence for automatic prediction of required surface roughness by monitoring wear on face mill teeth. Journal of Intelligent Manufacturing 29, S. 1045– 1061, 2018

[RAO20] Rao, G. M.; Ramesh, D.; Kumar, A.: RRF-BD: Ranger Random Forest Algorithm for Big Data Classification; Computaional Intelligence in Data Mining; Proceedings of the International Conference on ICCIDM 2018, Springer, Singapore, 2020

[RISS06] Risse, K.: Einflüsse der Werkzeugdurchmesser und Schneidkantenverrundung beim Bohren mit Wendelbohrern in Stahl, Dissertation, RWTH Aachen, 2006

[SALG06] Salgado, D. R.; Alonso, F. J.: Tool wear detection in turning operations using singular spectrum analysis; Journal of Materials Processing Technology, Vol. 171, p. 451 – 458, 2006

[SART19] Sartorius, G.: Erfassen, Verarbeiten und Zuordnen multivariater Messgrößen – Neue Rahmenbedingungen für das Nächste-Nachbarn-Verfahren. Springer Vieweg; Wiesbaden; 2019

[SAXL97] Saxler, W.: Erkennung von Schleifbrand durch Schallemissionsanalyse; Dissertation; RWTH Aachen, 1997

[SCHE00] Scheer, C.: Überwachung des Zerspanprozesses mit geometrisch bestimter Schneide durch Schallemissionsmessung. Dissertation, ETH Zürich, Zürich, 2000

[SCHE91] Schehl, D.: Werkzeugüberwachung mit Acoustic-Emission beim Drehen, Fräsen und Bohren, Dissertation, RWTH Aachen, 1991

[SCHO98] Schölkopf, B.: SVMs – a practical consequence of learning theory, IEEE Intelligent Systems and their Applications, 13, S. 18 – 21, 1998

[SCHO12] Schönfelder, G.; Hering, E.: Sensoren in Wissenschaft und Technik – Funktionsweise und Einsatzgebiete, 2. Überarbeitete und aktualisierte Auflage, Springer Verlag, Wiesbaden, 2018

[SHAW05] Shaw, M. C.: Metal Cutting Principles, Second Edition, Oxford University Press, Oxford, 2005

[SHEN15] Shen, G.; Wu, Z.; Zhang, J.: Advances in Acoustic Emission Technology; Proceedings oft he World Conference on Acoustic Emission – 2013; Springer Science+Business Media, New York, 2015

[SMOL04] Smola, A. J.; Schölkopf, B.: A tutorial on support vector regression. Statistics and Computing. 14, S. 199-222, 2004

[SOMM14] Sommer, K.; Heinz, R.; Schöfer, J.: Verschleiß metallischer Werkstoffe. Erscheinungsformen sicher beurteilen. 2. Auflage, Springer Vieweg, Springer Fachmedien Wiesbaden, 2014

[STUE09] Stürenberg, B.; Optimierung der Spanbildung und Minimierung des Späneeintrages in das Werkstück für das Bohren von Al-Legierungen; Dissertation; Kaiserslautern, 2009

[TELL93] Telle, R.; Werkstoffentwicklung und Materialverhalten moderner Schneidkeramiken. In: Bartz, W. (Hrsg.) Werkzeuge für die moderne Fertigung. Technische Akademie Esslingen, Kontakt & Studium, Bd. 370, S. 3769-3799. Expert Verlag, 1993

[TETI10] Teti, R.; Jemielniak, K.; O`Donnell, G.; Dornfeld, D.: Advanced monitoring of machining operations, CIRP Annals – Manufacturing Technology, Vol. 59, Issue 2, 2010, pp. 717 – 739

[TETI22] Teti, R.; Mourtzis, D.; D'Addona, D.M.; Caggiano, A.: Process Monitoring of machining; CIRP Annals – Manufacturing Technology, Vol. 71, 2022, pp. 529 – 552

[TIKA93] Tikal, F.; Vollhartmetallbohrer und –fräser: Qualität und Leistungsfähigkeit moderner Schneidstoffe. Landsberg: Moderne Industrie, 1993

[TINK95] Tin Kam, H.: Random decision forests. In: Proceedings of 3rd International Conference on Document Analysis and Recognition. Bd. 1. Canada, IEEE Comput. Soc. Press, 1995

[TOEN01] Tönshoff, H. K.; Inasaki, I.: Sensors in Manufacturing; Sensors Application Volume 1; WILEY-VCH Verlag; Weinheim, 2001

[UHLM17] Uhlmann, E.; Laghmouchi, A.; Geisert, C.; Hohwieler, E.: Decentralized Data Analytics for Maintenance in Industrie 4.0; Procedia Manufacturing 11; S. 1120- 1126; 2017

[ULRi01] Ulrich, H.: Systemorientiertes Management. Das Werk von Hans Ulrich, Bern, Stuttgart, Wien: Haupt, 2001

[UNTE19] Unterberg, M.; Niemietz, P.; Trauth, D.; Wehrle, K.; Bergs, T.: In-situ material classification in shett-metal blanking using deep convolutional neural networks. Production Engineering, Volume 13; S. 743-749, 2019

[VALL01] Vallen, H.: Schallemissionsprüfung. Grundlagen - Gerätetechnik - Anwendungen. URL: http://www.ndt.net/article/dgzfp01/papers/v15/v15.htm [Stand: 22.03.2017]

[VESE12] Veselovac, D.: Process and Product Monitoring in the Drilling of Critical Aero Engine Components, Dissertation, RWTH Aachen, Aachen, 2012

[WU08] Wu, X.; Kumar, V.; Ross Quinlan, J.; et. Al.: Top 10 algorithms in data mining. Knowledge and Information Systems. Vol. 14; S. 1-37; Springer Verlag London, 2008

[YIMI17] Yiming, M.; Zhonghua, Y; Zhensheng, Y: Experimental investigation of correlation between attrition wear and features of acoustic emission signals in single-grit grinding; The International Journal of Advanced Manufacturing Technology; Nummer 93; S. 2275-2287; 2017

[ZANG13] Zanger, F.: Segmentspanbildung, Werkzeugverschleiß, Randschicht-zustand und Bauteileigenschaften: Numerische Analysen zur Optimierung des Zerspanungsprozesses am Beispiel von Ti-6Al-V4. In: Forschungsberichte aus dem wbk Institut für Produktionstechnik Karlsruher Institut für Technologie (KIT), Bd. 169, 2013

[ZINK99] Zinkann, V.: Der Spanbildungsvorgang als Acoustic-Emission-Quelle, Dissertation, Aachen, 1999

[ZUMG87] Zum Gahr, K.-H.; Microstructure and wear materials. Tribology Series, 10 New York; Elsevier. 1987

[ZUO18] Zuo, L; Zuo, D.; Zhu, Y; Wang, H.: Acoustic emission analysis for tool wear state during friction stir joining of SiCp/Al composite; The International Journal of Advanced Manufacturing Technology; Nummer 99; S. 1361-1368; 2018

In der Reihe **Ergebnisse aus der Produktionstechnik** zuletzt erschienen:

Pullen, Thomas Wilhelm:
Überwachung des Verschleißzustandes von Bohrwerkzeugen mithilfe von Körperschallsignalen
ISBN: 978-3-98555-268-9
Erscheinungsdatum: 04.03.2025

Sohnius, Felix:
Integriertes Qualitäts- und Nachhaltigkeitsmanagement im Aachener Qualitätsmanagement Modell
ISBN: 978-3-98555-257-3
Erscheinungsdatum: 03.02.2025

Küpper, Ugur:
Data-driven Model for Process Evaluation in Wire EDM
ISBN: 978-3-98555-260-3
Erscheinungsdatum: 27.01.2025

Haase, Bernd:
Datenbasierte Werkzeuglebenszykluskostenanalyse
ISBN: 978-3-98555-255-9
Erscheinungsdatum: 20.01.2025

Ruschitzka, Christina:
Funktionsorientierte Ökologieanalyse im Maschinen- und Anlagenbau
ISBN: 978-3-98555-252-8
Erscheinungsdatum: 08.01.2025

Lauf, Hendrik:
Identifizierung von Innovationspotenzialen durch die semantische Modellierung des Produktumfelds
ISBN: 978-3-98555-251-1
Erscheinungsdatum: 24.02.2025

Adlon, Katharina:
Montageplanung für Verlagerungen unter Berücksichtigung kulturbedingter Unterschiede
ISBN: 978-3-98555-256-6
Erscheinungsdatum: 03.02.2025

Kunze, Rouwen Elia:
Low Coherence Interferometry for Depth Monitoring in Water Jet Guided Laser Micro Machining
ISBN: 978-3-98555-247-4
Erscheinungsdatum: 27.01.2025

Krug, Marius:
Reduzierung der Fertigungsprogrammvarianz mittels datenbasierter Ähnlichkeitsanalyse
ISBN: 978-3-98555-253-5
Erscheinungsdatum: 20.01.2025

Schlosser, Tino X.:
Gestaltung des Zentralisierungsgrads im Produktionsmanagement globaler Produktionsnetzwerke
ISBN: 978-3-98555-248-1
Erscheinungsdatum: 17.12.2024

Edition Wissenschaft
Apprimus

Steinert, Alexander:
Modellprädiktive Regelung aktiver Kühlsysteme von Werkzeugmaschinen zur Kompensation thermo-elastischer Verlagerungen
ISBN: 978-3-98555-245-0
Erscheinungsdatum: 26.11.2024

Voet, Henning:
Ermittlung der Qualitätskosten bei Bauteilen mit unsicherheitsbehafteten geometrischen Merkmalen durch additiv gefertigte Prozessprototypen in Kleinserien
ISBN: 978-3-98555-242-9
Erscheinungsdatum: 17.10.2024

Föhlisch, Nils:
Klassifikationsbasierte Planung flexibler, flussorientierter Mixed-Model-Montagestrukturen
ISBN: 978-3-98555-231-3
Erscheinungsdatum: 16.09.2024

Kessler, Niklas:
Transformation zur digital vernetzten Wertschöpfung im Werkzeugbau
ISBN: 978-3-98555- 232-0
Erscheinungsdatum: 02.09.2024

Rodemann, Niklas:
Resiliente Produktionsnetzwerke durch datenbasierte Früherkennung
ISBN: 978-3-98555-228-3
Erscheinungsdatum: 12.08.2024

Hähnel, Sebastian:
Das variationskraftgeregelte, schwingungsunterstützte Schleifen von gekrümmten Werkzeugstahlober-flächen mit gummigebundenen Schleifstiften
ISBN: 978-3-98555-225-2
Erscheinungsdatum: 22.07.2024

Mueller, Aleksandra:
Assistenzsystem zur wissensbasierten Steuerungsrekonfiguration für robotergestützte Automatisierungsprozesse
ISBN: 978-3-98555-244-3
Erscheinungsdatum: 28.10.2024

Latz, Tim:
Methodik zur Förderung von Deep-Tech im Maschinenbau
ISBN: 978-3-98555-243-6
Erscheinungsdatum: 14.10.2024

Keuper, Alexander:
Kompetenzbasierter Ressourceneinsatz in Multientwicklungsprojekt-umgebungen
ISBN: 978-3-98555- 236-8
Erscheinungsdatum: 09.09.2024

Spierling, Robert:
Abbildung thermo-elastischer Fehler von Fräsmaschinen auf Basis des photoelektrischen Effekts und eines lernenden Modells
ISBN: 978-3-98555-208-5
Erscheinungsdatum: 12.08.2024

Eckel, Hans-Martin:
Kinematische Analyse von Spindellagern unter statischen und dynamischen Kräften
ISBN: 978-3-98555-226-9
Erscheinungsdatum: 01.08.2024

Lender, Benjamin:
Datenbasierte Identifikation von Heuristiken für das Entwicklungsmanagement
ISBN: 978-3-98555-219-1
Erscheinungsdatum: 16.07.2024

Edition Wissenschaft
Apprimus

FSC
www.fsc.org
MIX
Papier | Fördert gute Waldnutzung
FSC® C083411

Kolibri 360 GmbH
Ferdinand-Jühlke-Straße 7
99095 Erfurt, Deutschland
produktsicherheit@kolibri360.de